Wolfgang Hellenthal

Studienmaterial Physik

Aufgaben, Prüfungsfragen und Studienanleitung

für Mediziner, Pharmazeuten und Biologen

orientiert an den Gegenstandskatalogen

86 Abbildungen

Georg Thieme Verlag Stuttgart 1979

Prof. Dr. *Wolfgang Hellenthal*
Physikalisches Institut
Westfälische Wilhelms-Universität
D-4400 Münster

CIP-Kurztitelaufnahme der Deutschen Bibliothek
Hellenthal, Wolfgang:
Studienmaterial Physik : Aufgaben, Prüfungsfragen u. Studienanleitung für Mediziner, Pharmazeuten u. Biologen, orientiert an d. Gegenstandskatalogen / Wolfgang Hellenthal. – Stuttgart : Thieme, 1979
ISBN 3-13-580501-8

Printed in Germany – Druck: Druckhaus Dörr, Inh. Adam Götz, Ludwigsburg

ISBN 3 13 580501 8 5 4 3 2 1 0

Vorwort

Studierende der Medizin, Pharmazie und Biologie nehmen an Physik-Lehrveranstaltungen teil, in denen allgemeine Grundlagen und auch spezielle Sachverhalte behandelt werden, die für andere Teile ihres Studiums sowie die späteren Berufsfelder wichtig sind. Manchem erscheint jedoch dieser Stoff für Prüfungen und in den beruflichen Bereichen nicht recht verfügbar zu sein. Andere haben sich zwar einiges Wissen aneignen können, ohne allerdings im gewünschten Maß Fähigkeiten zum Transfer und Fertigkeiten zur Lösung einfacher Probleme (kreative Nutzung) zu erlangen. Geht man solchen Schwierigkeiten nach, so stellt sich heraus, daß viele Studenten die **Effizienz** ihrer Arbeit **verbessern** könnten. Dafür sind folgende Gesichtspunkte besonders hilfreich:

- **Motivation** durch Information über Zusammenhänge zwischen Lehrstoff, anderen Ausbildungsbereichen sowie dem angestrebten Berufsfeld. Darauf sollte auch schon bei der Auswahl eines Lehrbuches geachtet werden (vgl. S. 9);
- **rationelleres Arbeiten** durch Verbesserung der allgemeinen Bedingungen und der Organisation der eigenen Tätigkeit. Mit diesem Komplex befaßt sich der erste Teil (S) dieses Buches, der dazu einige Hilfestellungen vermitteln möchte;
- **Aktive Beschäftigung** mit dem Lehr- und Prüfungsstoff, weil Lernen eigene Tätigkeit erfordert; denn es genügt nicht, lediglich formulierte Sachverhalte aus einem Lehrtext aufzunehmen. Der mittlere Teil (A) dieses Bandes enthält deshalb zahlreiche physikalische **Übungsaufgaben** und -anleitungen mit ausführlichen **Lösungen**. Ihre stoffliche Auswahl ist in Anlehnung an die Gegenstandskataloge für Mediziner und Pharmazeuten erfolgt;
- **Selbstkontrollen** erleichtern dem Einzelnen eine Verbesserung seines Lernens, wenn sie zur richtigen Zeit (Lernphase) und inhaltlich geeignet vorgenommen werden. Der dritte Teil (P) dieses Bandes enthält dafür mehr als **300 multiple choice-Fragen** aus dem Gebiet der Physik. Sie sind in den üblichen Formulierungstypen gestaltet (vgl. S. 102 und 103) und inhaltlich unter Beachtung der Gegenstandskataloge ausgewählt. Die Korrelation damit wird erleichtert durch die verwendete Gliederung. Sie ähnelt zugleich der Kapiteleinteilung gebräuchlicher Lehrbücher.

W. H.

Hinweise zur Nutzung dieses Buches

Rationelles Lernen

Eine allgemeine beste Lösung für das Arbeiten und das Vorgehen im Lehrstoff läßt sich nicht angeben, schon weil bei jedem einzelnen der bisherige Arbeitsstil, die mitgebrachten Kenntnisse und die Interessenlage weit variieren. Schließlich muß jeder eine für seine Gegebenheiten optimale Lösung entwickeln. Dazu kann aber beigetragen werden, indem man sich der Problematik bewußt wird und dann Verbesserungen anstrebt. Zu solchen Verfahrensfragen soll der erste Abschnitt dieses Buches einige Hilfestellungen vermitteln. Dabei ist der Rahmen auf die Arbeitsweise im Grundstudium zugeschnitten, weil hier die meisten Schwierigkeiten anzutreffen sind.

Materialien zum aktiven Lernen

Viele Lehrbücher enthalten keine oder nur wenige Aufgaben zur aktiven Beschäftigung mit dem Lehrstoff, wofür in diesem Band entsprechendes Arbeitsmaterial zu finden ist. Erfahrungen der Hochschulausbildung für Mediziner, Pharmazeuten und Biologen zeigen immer wieder, daß Physikkenntnisse in sehr unterschiedlichem Ausmaß mitgebracht werden. Deshalb sind die hier zusammengestellten Aufgaben so ausgewählt, daß sie zum großen Teil ohne nennenswerte Fertigkeiten im Umgang mit dem Stoff bewältigt werden können. Studienmaterialien der vorliegenden Form stellen wesentlich einen Beitrag für Phasen des individuellen aktiven Lernens dar. Deshalb ist es wichtig, dem Nutzer laufend Möglichkeiten zur Beurteilung seines Erfolges bei dieser Tätigkeit zu geben, insbesondere Hinweise auf zweckmäßige ergänzende Beschäftigung mit einzelnen Abschnitten des verwendeten Lehrtextes. Erfahrungen von manchen Büchern mit zusammengefaßten Lösungsteilen zeigen, daß dort oft (ungewollt) schon die Resultate der nächsten Aufgaben mitgelesen werden. Deshalb ist hier eine Anordnung gewählt, die zu jeder Seite mit Fragen und Übungsanleitungen (jeweils links) auf der übernächsten rechten Seite den zugehörigen Satz von Lösungen enthält.

Anordnung der Aufgaben zum aktiven Lernen und der jeweils zugehörigen (Muster-) Lösungen

Bei diesem System kann man bei hochgeschlagenem Zwischenblatt sowohl die Frage/Arbeitsanleitung als auch die Muster-Lösung sehen und braucht dann nicht auf der Rückseite nachzugucken oder sogar größere Teile des Buches umzublättern.

Prüfungsfragen

Zur Selbstbeurteilung nach einer Lernphase sind im dritten Teil dieses Buches zu Themenbereichen der Gegenstandskataloge multiple choice-Fragen zu finden. Es werden die heute an verschiedenen Stellen als Prüfungsfragen verwendeten Typen zunächst erläutert und dann in mehr als 300 Beispielen ausgeführt. Hier ist bewußt eine deutliche Auftrennung zwischen Studienmaterialien zum aktiven Lernen und den m.c.-Fragen vorgenommen worden. Dem liegt die Erfahrung zugrunde, daß bei wiederholter Bearbeitung solcher Auswahl-Antwort-Tests die Ergebnisse nicht nennenswert besser werden, sofern nicht eine aktive inhaltliche Lernphase dazwischen stattgefunden hat. Außerdem klingt die Erinnerung an Gelerntes mit der Zeit ab (vgl. S. 3), und man sollte daher nicht sogleich nach dem Durcharbeiten eines Abschnittes in einem Buch und/oder Studienmaterialien an die Lösung von m.c.-Testaufgaben gehen. Die Selbstbeurteilung wird viel zuverlässiger, wenn eine angemessene Zeit dazwischen vergangen ist. Für manchen kann es günstig sein, erst die Aufgaben (Teil A) ganz zu bearbeiten und etwas später dann mit Hilfe von Teil P seinen Erfolg festzustellen. Damit auch hier ein (ungewolltes) Mitlesen von Lösungen noch unbearbeiteter Fragen nicht so leicht auftritt, sind die Ergebnisschlüssel jeweils am unteren Rand einer anderen Seite einzusehen, wenn das gegenüberliegende Blatt hochgeschlagen wird.

Inhaltliche Ordnung

Zum leichteren Auffinden der einander zugeordneten Themenbereiche werden Kolumnentitel entsprechend üblicher Einteilung in einzelne Gebiete sowie ein in Teil A und Teil P einheitliches Kennzifferschema verwendet. Außerdem ist jedem größeren Sachgebiet jeweils eine ganze Anzahl von Seiten mit Aufgaben und entsprechend mit Musterlösungen gewidmet. Analoges gilt für die multiple choice-Fragen. Damit soll die Organisation des individuellen Lernens vereinfacht und auch die Benutzung des verfügbaren Lehrbuches erleichtert werden.

Inhaltsverzeichnis

Teil S: Rationell Studieren

Teil A: Aufgaben

mit ausführlichen Lösungen (jeweils auf der drittfolgenden Seite)

10 Mathematische Hilfsmittel

Teil P: Prüfungsfragen

multiple choice-Fragen mit Lösungsschlüssel

Aufgabentypen

1 Physikalische Größen, Einheiten und Messungen

2 Mechanik

3 Wärmelehre

4 Elektrizität und Magnetismus

Teil S: Rationell Studieren

1 Motivation, Lernen und Behalten

1.1 Zusammenhänge

Das Studium, das Sie gewählt haben, enthält Anteile aus verschiedenen Wissenschaftsgebieten. Hierzu gehören einige Grundlagenfächer, die sowohl zum weiteren Lehrstoff als auch für die spätere Berufsausübung Beiträge einbringen. Es wird Ihnen leichter fallen, einschlägige Kenntnisse zu erwerben und Fertigkeiten im Umgang mit der Materie zu entwickeln, wenn Sie inhaltlichen Zusammenhängen mit Ihren Zielbereich Aufmerksamkeit widmen. Die Arbeit wird dann interessanter und zuweilen vielleicht weniger langweilig. Manchem fällt es so auch leichter, sich beim Studium zu konzentrieren, wenn er derartige Zusammenhänge beachtet. Hinweise dazu bekommen Sie in manchen Lehrveranstaltungen und finden Information auch in geeigneten Büchern sowie verschiedenen Arbeitsmaterialien.

Sicherlich werden Sie später auf der Basis eines weiter fortgeschrittenen Kenntnisstandes manches besser übersehen und beurteilen können. Aber schon im ersten Semester lassen sich nach den aufgewiesenen Gesichtspunkten Ihre Voraussetzungen für rationelles und erfolgreiches Lernen verbessern.

Es gibt viele Erfahrungen, daß sich Fakten und auch Wirkzusammenhänge dauerhafter im Gedächtnis einprägen lassen, wenn deren Bedeutung und die Zusammenhänge geeignet überblickt werden. Das folgende Diagramm stellt dar, wieviel leichter Sie es sich machen können, wenn es Ihnen gelingt, möglichst wenig von dem Lehrstoff als „isolierte Einzelheiten" auffassen zu müssen.

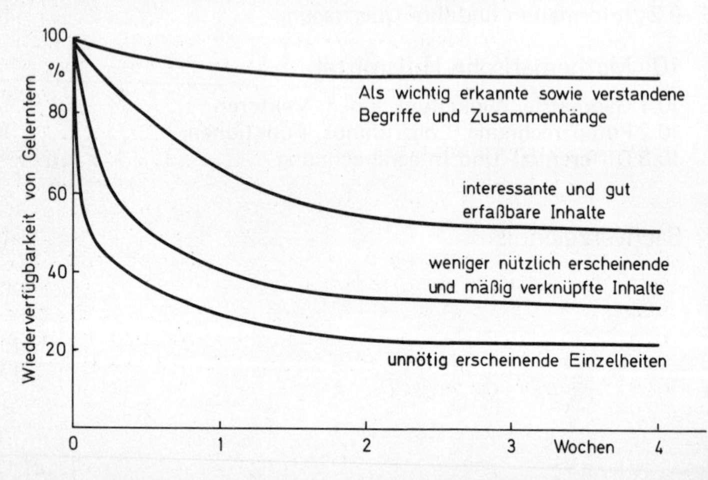

1.2 Lernen und Denken

Beim Lehren und Lernen geht es um die Vermittlung von
- Wissen/Kenntnissen,
- Fertigkeiten und
- Verhaltensweisen.

In diesem Rahmen unterscheidet man ferner:

Reproduktion, die Fähigkeit zur Wiedergabe von Erlerntem. Mitunter handelt es sich nur um „eingepaukte" Information, die ohne Bezug auf Zusammenhänge meistens nur kurze Zeit behalten wird.

Reorganisation, die Fertigkeit der Zuordnung, Einordnung und (gewichteten) Anordnung von Sachverhalten, Aussagen usw. Hierfür werden bereits Zusammenhänge gebraucht, deren Kenntnis schon die Wiederverfügbarkeit der Information aus dem Gedächtnis verbessert.

Transfer ist die Übertragung von Zusammenhängen auf analoge Relationen, z.B. bei der Beschreibung des Widerstandes beim elektrischen Ladungstransport und der Strömung von Flüssigkeiten in engen Röhren (Blutgefässen). Hiermit läßt sich mitunter eine erhebliche Lernrationalisierung erreichen.

Problemlösen, produktives Denken Im Umgang mit den Mitmenschen, in der Ausbildung und im Beruf sind laufend Probleme zu lösen, wofür es verschiedene Verfahrensmöglichkeiten gibt, etwa:
- Intuition, bei der die Lösung plötzlich verfügbar wird;
- Konsequentes Vorgehen mit einer Folge von Denkoperationen auf grundsätzlich bekannten Verfahrenswegen, die (manchmal über Umwege) zu einem Ergebnis führen;
- Strategisches Verfahren, bei dem der einzuschlagende Weg nach Optimierungsaspekten aus vielen Möglichkeiten ausgewählt und dann in einer Kette von (Denk-)Schritten das Ziel (Resultat) erreicht wird.

Problemlösendes/produktives Denken ist in einigem Umfang erlernbar, wenn man die zu berücksichtigenden Fakten beherrscht, Sachverhalte ordnen und vom Transfer geeignet Gebrauch machen kann. Ausreichende Übung ist hier wichtig, und die Aufgaben in diesem Buch können Ihnen dazu geeignetes Material bieten, insbesondere beim Durcharbeiten entsprechender Teile des Stoffes. M.c.Prüfungsfragen sollten Sie sich erst etwas später vornehmen, da Sie dann sowohl erfahren, was Sie noch behalten haben und auch durch ungewolltes Einprägen falscher m.c.-Aussagen (Distraktoren!) weniger leicht Ungeeignetes lernen.

2 Informationsquellen

2.1 Eigene Aufzeichnungen in Lehrveranstaltungen

Hier ist das Ziel, die Inhalte, Methoden usw., die meistens mündlich vorgetragen und nur zum Teil schriftlich mittels Tafel oder Arbeitsprojektor dargestellt werden, so zu übernehmen, daß diese für Sie später wieder verfügbar sind. Ähnliches gilt auch für Graphiken, Bilder, Modelle und Experimente.

In manchen Fällen wird es zu Vorlesungen und/oder Übungen ein passendes Buch oder sonstige schriftliche Begleitmaterialien geben.
Zu dieser Informationsbasis stellt sich Ihnen die Aufgabe, Ihre mitgebrachten Kenntnisse und Fertigkeiten mit den Unterlagen soweit zu verkoppeln, daß Anschluß und hinreichende Vollständigkeit erreicht werden. Außerdem sind Ergänzungen festzuhalten und evtl. Hervorhebungen zu kennzeichnen. Schon diese Tätigkeit, die im allgemeinen eine Sofortbearbeitung selbstgeschriebener und gedruckter Materialien ausmacht, stellt erhebliche Anforderungen an den Studenten. Es ergibt sich so für die

aktive Teilnahme an Lehrveranstaltungen:

- Information aufnehmen durch Zuhören, von der Tafel und Projektion sowie der Beobachtung von Modellen und Experimenten;
- Inhaltlich dem Stoff folgen;
- Entscheiden, was für Sie wichtig sein dürfte;
- Wichtiges in Unterlagen auffinden, sonst selbst formulieren;
- in vervielfältigten/gedruckten Materialien geeignete Kennzeichnung vornehmen, Anmerkungen einfügen, gesondert niederschreiben und ggf. auch Skizzen anfertigen.

Es bedarf schon einiger Übung, wenn man einerseits dem Fortgang im Lehrstoff folgen will und dennoch „daneben" eine für die eigene spätere Nutzung brauchbare Fixierung als wichtig erachteter Informationen zustandebringen will.

Welche Ansprüche soll man an die eigenen Aufzeichnungen stellen? Oft, vor allem zu Beginn des Studiums, nehmen sich viele vor, die Notizen sowie die kommentierten und mit Hervorhebungen versehenen Texte noch am gleichen Tage oder „bald" nachzuarbeiten. Die heutigen Stundenpläne und eine häufig zu knappe Einschätzung des Zeitbedarfs für termingebundene Aufgaben (z.B. Auswertung zu praktischen Übungen) sowie „Unvorhergesehenes" lassen jene Absicht oft nicht realisieren. Deshalb:

> Aufzeichnungen während Lehrveranstaltungen so ausführen, daß sie nach Möglichkeit ohne erneute Überarbeitung zu einem wesentlich späteren Zeitpunkt zum Nachschlagen und zur systematischen Repetition genutzt werden können.

Vorteile eigener Aufzeichnungen

- Notizen ergeben gespeicherte Information, auf die Sie bei Bedarf zurückgreifen können;
- Die Anfertigung von Aufzeichnungen fördert Ihre aktive Teilnahme an Lehrveranstaltungen, wodurch sich die Inhalte besser einprägen;
- Sie entwickeln die Fertigkeit zu entscheiden, welche Informationen besonders wichtig sind und was geringere Bedeutung hat.

Technische Hinweise

Von zahlreichen Aspekten seien einige wesentliche genannt:

- Verwenden Sie stets lose Blätter eines einheitlichen Formats; wofür DIN A 4 als besonders vorteilhaft angesehen werden kann;
- Jedes Blatt sollte, bevor man es zum Schreiben von Fach-Inhalten benutzt, so gekennzeichnet werden, daß es sich später jederzeit einordnen läßt. Dafür wird etwa eine Angabe der Veranstaltung und das Datum schon ausreichen;
- Neue Kapitel oder sonst größere Abschnitte jeweils oben auf einem neuen Blatt anzufangen, hat den Vorteil, später leicht Ergänzungen auf zusätzlichen Blättern in die Unterlagen einfügen zu können;
- Einseitige Beschriftung erleichtert Ihnen späteres Bearbeiten, insbesondere bei Neustrukturierungen und der Einbringung von Ergänzungen;
- Ausnutzung der Schreibfläche einzelner Blätter: Hier muß man an die Bearbeitbarkeit ebenso denken wie an eine spätere Repetition und die Eignung zum Nachschlagen, ohne etwa dafür Blätter in einem Schnellhefter lösen zu müssen, um den Rand genügend einsehen zu können. Dazu nachfolgend einige Tips:

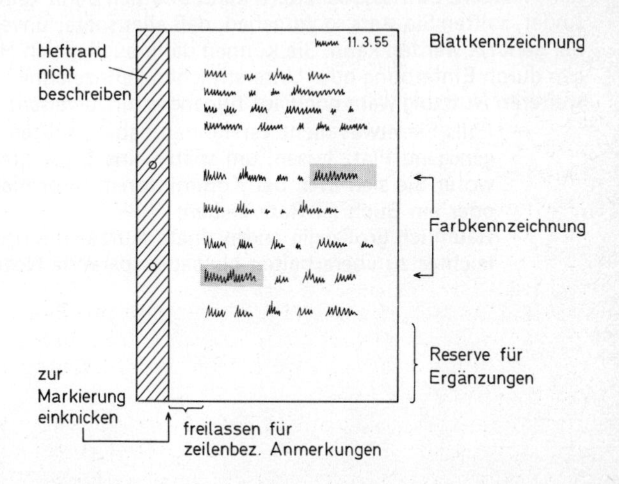

2.2 Mitschreiben

Wenn Sie sich nicht unmittelbar auf ein schon vorhandenes Buch oder andere Materialien stützen können und die für Sie später wichtige Information schriftlich niederlegen wollen, so ist dafür ein möglichst rationelles Verfahren zweckmäßig. Dazu die Devise:

Mitschreiben: soviel Inhalt wie nötig
sowenig Umfang wie möglich.

Im einzelnen gelten hinsichtlich der Aufnahme und geistigen Verarbeitung von Lehrinhalten zunächst die auf der vorletzten Seite aufgeführten Gesichtspunkte. Ferner ist noch folgendes zu beachten:

- Auf jeden Fall muß die Systematik (Gliederung) des Themas festgehalten werden. Dazu gehören insbesondere Kapitelüberschriften, Abschnittsbezeichnungen usw.;
- Wesentliche Aussagen, Begriffe, Daten usw. sollten notiert werden;
- Inhalte, zu denen Ihnen andere Quellen leicht zugänglich sind, brauchen Sie vielleicht nur stichwortartig festzuhalten;
- Der Umfang des schriftlich zu fixierenden muß sich nach Ihrem eigenen Informationsstand richten.

Die äußere Form von Notizen wird für rationelles Studieren am zweckmäßigsten so gestaltet, daß diese unmittelbar die Bedeutungsstaffelung darstellt. Dazu kann man Überschriften gleich entsprechend anordnen, Abschnitte räumlich etwas voneinander absetzen usw. Auch das Verfahren des Einrückens verbessert die spätere Übersicht. Sicherlich muß man erst einüben, seine Aufzeichnungen derart zu gestalten. Da auch eine ernstgemeinte Absicht zum späteren „Ausarbeiten" mitunter durch äußere Einflüsse scheitern kann und sich dann keine Zeit mehr findet, sollten Sie stets so vorgehen, daß alles später unverändert wieder genutzt werden kann. Sie können dafür auch gleich Hervorhebungen durch Einfärbung oder Unterstreichen kennzeichnen. Zur besseren weiteren Nutzung wäre noch auf folgendes hinzuweisen:

- Falls Sie etwas nicht verstanden haben, sollten Sie einfach genügend Platz lassen, um später eine Ergänzung einzufügen, wofür Sie sich evtl. bei Kommilitonen informieren können oder ein Buch zu Rate ziehen;
- Räumlich großzügig angeordnete Aufzeichnungen sind stets leichter zu überarbeiten als papiersparende Notizen.

Hervorhebungen

In einer einstündigen Lehrveranstaltung werden meistens nur einige wenige besonders wichtige Aspekte behandelt. Gegenstände von zweitrangiger Bedeutung gibt es dann oft etwas mehr usf. Ähnliches gilt übrigens auch für eine Seite in den üblichen Lehrbüchern. Es wird daher zweckmäßig sein, nur jene Stellen hervorzuheben, die auch bei einem späteren schnellen Durchsehen besonders ins Auge springen sollen. Schließlich müssen Sie daran denken, daß Sie bei einer Prüfungsvorbereitung nicht mehr alles noch einmal lesen können, sondern von einer wichtigen Stelle zur nächsten springen möchten. Das geht nur, wenn Sie nicht zu viel hervorgehoben haben. Also:

- Hervorhebungen in fertigen Texten und in eigenen Formulierungen sparsam vornehmen;
- Hervorhebungen lassen sich später leicht ergänzen, jedoch schwer wieder entfernen.

Als besonders wichtig zu kennzeichnende Teile können Sie in der Stellung ein- oder ausrücken, unterstreichen oder auch mit einem Markierstift einfärben. Die letztgenannte Variante lenkt das Auge nicht vom Text (oder den Formeln) ab, während eine besonders auffällige Unterstreichung durchaus störend wirken kann.

Sicherung von Lehrstoff

Prüfen Sie Ihre Fertigkeiten hierzu und kreuzen Sie in jeder Zeile von Kästchen das am besten zutreffende an.

	selten	öfters	meistens
Es ist mir möglich, in einer Vorlesung die wesentlichen Inhalte zu erfassen	□	□	□
Es gelingt mir, neben dem Anfertigen von Notizen usw. dem Stoff zu folgen	□	□	□
Meine Notizen usw. vergleiche ich mit denen meiner Kommilitonen	□	□	□
Meine Notizen/Textbearbeitungen kann ich nach längerer Zeit noch lesen	□	□	□
Meine Notizen werden durch Hervorhebungen gegliedert	□	□	□
Meine Unterlagen werden jeweils nachbearbeitet	□	□	□

2.3 Bücher, Bibliotheken

In Ihrem Studium werden Sie für jedes größere Fachgebiet im allgemeinen eines oder mehrere Lehrbücher für den laufenden Gebrauch und zum späteren Nachschlagen selbst besitzen wollen. Daneben dürften sich im Bereich Ihres ständigen Zugriffs noch Arbeitsanleitungen aus Praktika, Übungsaufgaben (z.B. in diesem Buch), Prüfungsfragen usw. befinden. Darüberhinaus werden immer wieder auch andere Quellen (teure Spezialwerke, gebundene Zeitschriften usw.) benötigt, die Sie bei Bedarf erreichen müssen. Es ist deshalb zweckmäßig, wenn Sie sich bald nach Aufnahme Ihres Studiums über die Bibliotheken, die für Sie an der jeweiligen Hochschule in Betracht kommen, informieren. Sie finden stets eine

- Zentralbibliothek und oft auch
- Bibliotheken für einzelne Fächer oder Fächergruppen.

Wenn Sie erstmalig in eine solche Bibliothek kommen, sollten Sie sich gleich über Öffnungszeiten, Ausleihbedingungen usw. informieren, wofür es meistens einen Aushang gibt.

Die Bestände sind stets in Katalogen erfaßt, die üblicherweise nach Sachgebieten (systematisch) und nach Verfassern geordnet sind. Ausserdem treffen Sie verschiedene Formen des Zuganges an. Solange Sie noch Ihr Grundstudium betreiben, sind die für Sie wichtigsten **Zugriffsarten**:

- Einsichtnahme in Lesesälen, in denen z.T. häufig gefragte Bände unmittelbar aus dem Regal entnommen und gelesen, jedoch nicht aus der Bibliothek genommen werden dürfen;
- Ausleihe nach Anforderung; sie erfolgt für eine bestimmte Frist und kann mitunter auf Antrag verlängert werden.

Im übrigen ist es möglich, im System der öffentlichen Bibliotheken fast jedes Buch und jede wissenschaftliche Zeitschrift im überörtlichen Leihverkehr zu erhalten. Allerdings wird dafür einige Zeit benötigt, die Sie später einkalkulieren müssen.

Bibliographische Angaben

Wenn Sie einmal ein Buch entliehen oder in einem Lesesaal benutzt haben, das Sie vielleicht noch einmal gebrauchen werden, so ist es zweckmäßig, darüber soviel aufzuschreiben, daß es bei Bedarf unmittelbar nochmals erreicht werden kann. Dazu gehören i.a.:

- Verfasser, Titel, evtl. wievielte Auflage, Verlag und Ort sowie
- Code- oder Standnummer in der betr. Bibliothek (d.h. Standort).

Beispiel: Roth, H.J. u. G. Blaschke, Pharmazeutische Analytik, 1. Aufl., Thieme, Stuttgart 1978, UB: XY 12 345

Literaturverzeichnisse

In fortgeschrittenem Studium werden Sie die Nutzung von Literatur in Verbindung mit eigener Arbeit an wissenschaftlichen Fragestellungen kennenlernen. Dann ist auch zu entscheiden, ob für Sie eine systematische oder nach Autoren geordnete Sammlung von Zitaten anzulegen günstiger ist. Solange Sie noch das Grundstudium absolvieren, geht es überwiegend um Lehrbücher und zuweilen auch um andere Materialien. Da es hier hauptsächlich auf den inhaltlichen Zusammenhang ankommt, ist zunächst besonders nützlich die

- systematische Zusammenstellung, d.h. eine nach Fachgebieten geordnete. Dafür lassen sich durchaus Blätter verwenden, die Sie jeweils an den Anfang der gesammelten Unterlagen des betr. Faches in den entsprechenden Ordner einheften.
- Bücher, die Sie sich von Kommilitonen geliehen haben, sollten Sie (mit dem Namen des Besitzers) auch aufführen, da Sie diese vielleicht nochmals (evtl. zur Prüfungsvorbereitung) benötigen könnten.

Anschaffung von Büchern

Sie werden von Beginn Ihres Studiums an von verschiedenen Seiten Empfehlungen für Bücher bekommen. Bevor Sie sich zum Erwerb entschließen, besteht durchaus die Möglichkeit, daß Sie erreichbare Werke vergleichen. Dafür kommen in Betracht etwa folgende:

Auswahl-Gesichtspunkte

- Zielgruppe: ist der Stoff für Ihre Studienrichtung zugeschnitten (vgl. z.B. Titelseite, Rückseite, Vorwort)?
- Voraussetzungen: können Sie an Ihre Vorkenntnisse anknüpfend die Darstellung verwenden?
- Übersichtlichkeit: gestattet die Ausführung des Textes, besonders wichtige Inhalte leicht zu erkennen? Sind Figuren usw. derart ausgeführt, daß Sie schnell erfassen können, worauf es ankommt?
- Anwendungsbezüge: enthält die Darstellung Information über den Zusammenhang des speziellen Fachinhalts mit den anderen Bereichen Ihrer späteren Ausbildung und dem angestrebten Berufsfeld? Dadurch kann mancher Inhalt für Sie leichter zu behalten sein.
- Umfang: für ein arbeitsökonomisches Studium (einschließlich Prüfungsvorbereitungen) ist nicht unbedingt die umfangreichste Darstellung die geeignetste. Auch sehr knappe Texte sind für manchen Studierenden etwas problematisch.

3 Organisation und Planung des Lernens

3.1 Individuelles Lesen und Durcharbeiten von Lehrstoff

Es ist durchaus verbreitet, Lehrbuchtexte und vergleichbare Materialien ähnlich zu lesen wie ein unterhaltendes Buch, nämlich einfach gleichmäßig vom Anfang bis zum Schluß. Die Erfahrung zeigt, daß bei solchem Verfahren nur wenige Inhalte im Gedächtnis bleiben, und eine Grundlage für die Nutzung zum Transfer sowie die Lösung von Problemen wird damit auch kaum entwickelt. Viel zweckmäßiger ist ein systematisches Vorgehen. Dafür kommt folgendes Verfahren in Betracht:

– **Orientierung** über die Voraussetzungen, die Darstellung sowie die Zielsetzung des Fachtextes. Information dazu finden Sie meistens in Vorwort, Umschlagtexten und Inhaltsverzeichnis.
  Sofern Sie sich mit einzelnen Kapiteln oder Abschnitten befassen wollen, so können Sie deren inhaltliche Struktur und den Zusammenhang mit anderem relevantem Stoff oft aus einer Durchsicht des Inhaltsverzeichnisses erschließen.

– **Ausgangslage überdenken,** die sich mit Rücksicht auf Ihre Vorkenntnisse/Problemlösefertigkeiten ergibt.

– **Erwartung reflektieren,** wobei Sie sich den Zweck überlegen, zu dem Sie etwas lesen/durcharbeiten möchten. So können Sie alsdann auch besser übersehen, welche Inhalte und Tätigkeit für Sie besonders wichtig sind.

– **Aktives Lesen/Durcharbeiten** des Buches/Kapitels, Abschnitte, das in einer effizienten Aufnahme der wichtigsten Inhalte bestehen sollte. Hierbei ist für Sie wichtig, einige Sorgfalt auch Abbildungen, Schemata, Diagrammen und Tabellen zu widmen. Diese sind mit besonderem Aufwand meistens eigens eingebracht, um wichtige Aspekte darzustellen oder rein verbal schwer darstellbare Sachverhalte und Zusammenhänge leichter verständlich zu gestalten.
  Wesentliche Stellen können Sie bei diesem Durchgehen geeignet kennzeichnen, wobei die Hinweise auf S. 7 zu bedenken wären. Sofern Ihnen Übungsaufgaben (z.B. in diesem Buch) zu dem jeweiligen Stoff verfügbar sind, sollten Sie diese in angemessenem Umfang an der betreffenden Stelle bearbeiten, spätestens jedoch, wenn Sie das Ende eines Abschnittes erreicht haben. Führen Sie diese nicht auf beliebigen Zetteln aus, sondern auf einheitlichen Blättern, die Sie dann bei Ihren übrigen Unterlagen zu dem betreffenden Fach abheften, um sie später wieder verfügbar zu haben.

– **Rekapitulieren,** indem Sie das Kapitel (den Abschnitt) nochmals kurz durchgehen und möglichst in selbst formulierten Gedanken die wesentlichen Inhalte vergegenwärtigen. Dabei kommt durchaus in Betracht, noch ergänzende Bemerkungen schriftlich einzufügen oder bis dahin übersehene wichtige Stellen nachträglich zu kennzeichnen.
– **Prüfungsaufgaben** sollten Sie frühestens hiernach in Angriff nehmen. Günstiger ist es jedoch, dies noch etwas später zu tun, weil Sie dann besser erkennen können, welche Sachverhalte usw. Sie nach einiger Zeit aus dem Gedächtnis verfügbar haben (vgl. hierzu die Abb. auf S. 2).

Durcharbeiten von Lehrstoff

Überdenken Sie Ihr Vorgehen, und kreuzen Sie dann in jeder Zeile von Kästchen das am ehesten Zutreffende an.

	selten	öfters	meistens
Orientiere ich mich vor Beginn der Arbeit an einem Kapitel/Abschnitt?	☐	☐	☐
Überlege ich mir zu Anfang, worauf es für mich besonders ankommt?	☐	☐	☐
Lese ich die Abschnitte einfach gleichmäßig durch?	☐	☐	☐
Ertappe ich mich beim Arbeiten in Gedanken an ganz andere Dinge?	☐	☐	☐
Schlage ich unbekannte Begriffe und wieder Vergessenes sogleich nach?	☐	☐	☐
Lasse ich die Durchsicht von Diagrammen, TAbellen usw. aus oder verschiebe sie auf ‚später'?	☐	☐	☐
Gelingt es mir beim Durcharbeiten Hervorhebungen zweckmäßig vorzunehmen?	☐	☐	☐
Bearbeite ich zum Stoff gehörige Aufgaben oder verschiebe ich sie auf ‚später'?	☐	☐	☐
Rekapituliere ich jeweils einen Abschnitt nach dem ersten Durchgehen?	☐	☐	☐

Eine Weiterentwicklung Ihrer Arbeitstechnik muß beim Erkennen der Verbesserungsmöglichkeiten ansetzen.

3.2 Arbeitsbedingungen und Leistungsfähigkeit

Ihre Studieneffizienz wird im allgemeinen davon abhängen, welche Bedingungen dort vorliegen, wo sie alleine arbeiten können und wie Sie diese Tätigkeit während verschiedener Tageszeiten ausführen.

Arbeitsplatz und dessen Umgebung

Einige wichtige Gesichtspunkte hierzu sind:

– Arbeitsplatzausstattung: Zunächst einmal müssen die häufig gebrauchten Utensilien griffbereit sein, insbesondere:
  Papiersorten, die Sie oft verwenden;
  Schreibgerät (Kugelschreiber, Bleistift, Radiergummi usw.);
  Standplatz (Bücherregal) für die häufig benutzten Lehrbücher;
  Arbeitsmaterialien, Nachschlagewerke und die Ordner mit eigenen Aufzeichnungen, bearbeiteten Aufgaben usw.;
  Stundenplan und Terminkalender;
  Rechenhilfsmittel (Taschenrechner, evtl. Rechenschieber);
  Ordnungstechnische Hilfsmittel (Locher, Heftklammergerät, Schere, Klebestreifen, Alleskleber usw.).
  Alle Utensilien, die Sie zu Vorlesungen und Übungen üblicherweise mitnehmen, sollten Sie dafür zusätzlich haben, damit nicht ständig umgeräumt werden muß.
– Arbeitsplatzbeleuchtung; diese sollte ausreichend hell sein und eine genügend große Fläche beleuchten. Ferner ist es vorteilhaft, wenn Sie eine Lampe verwenden, die keine ausgeprägten Kontraste entstehen läßt.
– Raumklima; zur Vermeidung frühzeitiger Ermüdung trägt ausreichende Lüftung wesentlich bei. Gleiches gilt für eine angenehme Temperatur: auf jeden Fall sollten Sie ein Überheizen des Zimmers vermeiden.
– Ablenkungen von außen; hierzu gehört zunächst das Eindringen von Geräuschen (Verkehrslärm, spielende Kinder, Hausklingel usw.).
  Beachten muß man auch die Möglichkeit des ‚aus-dem-Fenster-Guckens'; wo es vielleicht häufig etwas zu sehen gibt (z.B. Straße, Eisenbahn, Spielplatz usw.), das die Gedanken von der Arbeit wegführt. Hier läßt mitunter die Anordnung des Schreibtisches eine Verbesserung bewirken.
– Radiohören; zuweilen wird geäußert, daß am Fließband oder im Großmarkt Musik förderlich sein könne. Für geistige Arbeit, besonders in Phasen, in denen Sie sich konzentrieren müssen, trifft das überwiegend nicht zu, etwa bei der Lösung von Übungsaufgaben.

Tages- und Arbeitseinteilung

Aus der Industrie und Wirtschaft gibt es Erfahrungen, daß der größte Erfolg und zugleich die geringste Fehlerrate bei den meisten Menschen am mittleren Vormittag sowie am Nachmittag bis in die frühen Abendstunden erreicht wird. Natürlich gibt es Arbeiten, die man auch spät nachts ausführen kann, etwa inhaltlich wenig veränderndes Umarbeiten einer Vorlesungsmitschrift. Obgleich es zwischen einzelnen Personen deutliche Unterschiede hinsichtlich ihrer Tageszeiten optimaler Leistungsfähigkeit gibt, sollten Sie versuchen, Ihre Arbeitseinteilung so zu planen, daß die Stunden der wichtigsten (evtl. auch der für Sie schwierigsten geistigen Tätigkeit) in die o.a. Tagesabschnitte fallen.

Zu bedenken wäre noch, daß Ihre Leistungsfähigkeit beim Lernen wesentlich davon abhängt, ob Sie ausreichend Schlaf finden. Wenn man nach wenigen Stunden Nachtruhe auch meint, ‚richtig' arbeiten zu können, so sind doch die Erfolgsquote beim Lernen und die Fehlerhäufigkeit bei der Problembearbeitung meistens deutlich ungünstiger.

Pausen

Bei längerer ununterbrochener Tätigkeit nimmt die Aufmerksamkeit ab, und die Fehlerrate steigt an. Dem läßt sich durch geeignetes Einlegen von Pausen entgegenwirken. Wenn man auch keine starren Organisationslösungen anstreben sollte, so ist für viele als Leitlinie geeignet: Arbeit/Pause etwa in der Relation 5/1. Unterbrechungen legt man zweckmäßig nicht in größeren als Stundenabständen ein.

Arbeitsumgebung und Zeiteinteilung

Überdenken Sie Ihre Situation und kreuzen Sie in jeder Zeile von Kästchen das am ehesten Zutreffende an:

	selten	öfters	meistens
Wenn ich mich zur Arbeit gesetzt habe, muß ich wieder aufstehen, weil nicht alles Nötige griffbereit liegt	☐	☐	☐
Während einer Stunde Arbeit werde ich einmal oder mehrfach durch äußere Einflüsse abgelenkt	☐	☐	☐
Während eines Vormittags (oder Nachmittags) kommt unangemeldeter Besuch	☐	☐	☐
Nach unterdruchschnittlich kurzer Nachtruhe empfinde ich nachmittags Leistungsschwächen	☐	☐	☐

3.3 Tägliche Arbeitseinteilung

Wenn Sie eine Verbesserung Ihrer Arbeitstechnik anstreben, so wird mitunter bei der täglichen Einteilung Ihrer Tätigkeiten noch manche Möglichkeit zu finden sein. Dazu kann man einmal überdenken, welche Anteile der 24 Stunden eines Kalendertages für die üblichen Bereiche in Anspruch genommen werden. Schon eine grobe Aufgliederung kann hier zu der Erkenntnis führen, an welchen Belastungen Reduktionen angestrebt werden sollten, damit erst einmal genügend Zeit für das Studium bereitsteht. Wenn Sie die folgende Tabelle ausgefüllt haben, wird sich vielleicht schon einiges erkennen lassen.

Zeitbudget

Für einen durchschnittlichen und typischen Studientag sollten Sie die Werte eintragen, die sich im Mittel in den einzelnen Bereichen ergeben. Vielleicht empfiehlt es sich, die ersten Schätzwerte mit Bleistift zu notieren, da die Summe schließlich nicht 24 Stunden überschreiten kann.

	Mittelwerte in Vorlesungs-perioden	Mittelwerte in vorlesungs-freien Zeiten
Schlafen, waschen, anziehen usw.	... Std/Tag	... Std/Tag
Mahlzeiten und Einkäufe einschl. zugehöriger Wegezeiten	... Std/Tag	... Std/Tag
Allgemeine Information (Radio, Fernsehen, Zeitungslektüre usw.), Kommunikation (Unterhaltung mit anderen), Erholung, Sport	... Std/Tag	... Std/Tag
Besuch von Lehrveranstaltungen einschl. zugehöriger Wegezeiten	... Std/Tag	... Std/Tag
Selbstdisponierte Studientätigkeit (allein und mit anderen), sowie Hilfstätigkeiten (Bibliotheksbes.), einschl. der kleinen Pausen	... Std/Tag	... Std/Tag
Summe	... Std/Tag	... Std/Tag

Die Kontrolle müßte als Summe 24 Stunden/Tag ergeben, wenn nicht, so sollten Sie die Werte sorgfältig überdenken. Ferner wäre noch zu beachten, daß bei kritischer Evaluation die meisten Leute nicht mehr als 40 bis 50 Std/Woche wirklich effizient geistig arbeiten können.

Tägliche Studieneinteilung: Ein inhaltlicher Standard-Stundenplan oder Normal-Tagesplan hilft, Leerlauf zu vermeiden.

Organisatorische Gestaltung des täglichen Studiums

Wenn Sie die Einteilung eines bevorstehenden Arbeitstages planen, so sollten Sie bedenken, daß es nicht unbedingt darauf ankommt, ‚wie lange‘ Sie tätig werden, sondern ‚wie erfolgreich‘ Sie dabei die Ihnen zur Verfügung stehende Zeit ausfüllen. Jeder hat im Rahmen seiner Voraussetzungen einigen Spielraum zur Gestaltung der täglichen Studienaktivitäten. Wenn Sie die nachstehend aufgeführten Gesichtspunkte beachten, wird sich vielleicht noch die eine oder andere Verbesserung für Sie erreichen lassen:

- Eine Arbeit, die beabsichtigt ist, sollte tatsächlich begonnen werden, wenn man sich dafür hingesetzt hat und nicht infolge von Ablenkungen (Radio, Besuch usw.) häufiger aufgeschoben werden.
- Die Einhaltung der täglichen Stunden individueller günstiger Leistungsfähigkeit für die Lernarbeit sollten Sie beachten.
- Lernperioden mit anderen Tätigkeiten im Tagesablauf wechseln zu lassen, führt zu günstiger Auflockerung.
- Systematisches Abwechseln zwischen verschiedenen Fächern verringert Ermüdungserscheinungen. In diesem Sinne sollten Sie auch nicht nacheinander ähnliche Inhalte aus verschiedenen Lehrgebieten bearbeiten.
  ‚Klotzen‘ in einem Fach im Sinne einer (fast) ausschließlichen Beschäftigung mit diesem Gebiet an einem Tag führt meistens wegen der damit verbundenen Effizienzminderung zu einer Vergeudung von Lernzeit.
- Innerhalb eines Fachgebietes kann die Arbeit aufgelockert werden, indem verschiedene Tätigkeiten einander abwechseln, z.B. Lesen, Schreiben, Übungsaufgaben bearbeiten, Rekapitulieren, Prüfungsfragen lösen usw.

Im Zusammenhang mit der vorigen und dieser Seite ergibt sich die folgende:

> Empfehlung für die tägliche Studienarbeit:
> Am Vorabend oder spätestens morgens zu Beginn einen Plan der zu erledigenden Tätigkeiten entwickeln, aufschreiben und sichtbar aufhängen.

3.4 Mittelfristige Arbeitsplanung

Ihr Studienziel haben Sie festgelegt, und damit ergibt sich, in welchen Semestern/Jahren einzelne Zwischenschritte zu absolvieren sind. Hierzu gehören Abschlußprüfungen zu praktischen Übungen usw., dann nach 4 bis 5 Semestern eine größere Prüfung in mehreren Fächern (z.B. 1. Abschnitt der Ärztlichen oder der Pharmazeutischen Prüfung, Diplom-Vorprüfung für Biologen oder Zwischenprüfung für Lehramtsstudenten). Für solche großen Etappenziele sollten Sie überlegen, welche längerfristigen Vorhaben durchgeführt werden müßten (z.B. bestimmte Lehrmaterialien durcharbeiten, Wiederholen usw.).
Bei derartiger **Planung** wäre zu berücksichtigen:

– **Laufendes Studium,** das daneben aufrechterhalten wird;
– **Repetitionsstunden**; wieviele können außer dem fortgeführten Studienbetrieb überhaupt realisiert werden?
– **Unterrichtsfreie Zeiten**; was kann in diesen erledigt werden?
– **Erholung** (Ferienreisen) sollten Sie realistisch einplanen (mitgenommene Bücher werden vielfach weit weniger genutzt als ursprünglich angesetzt war);
– **Reserven** für unvorhergesehene Tätigkeitserfordernisse und nicht eingeplante Ausfälle (z.B. Aufenthalt durch andere Personen, Krankheit usw.) müssen bedacht werden. Ein brauchbarer Ansatz dafür liegt bei einem Drittel der planbaren Zeit. Anders ausgedrückt, ließe sich das auch folgendermaßen sehen: wenn Sie veranschlagen, ein Lehrbuch und zugehörige Übungsaufgaben in 100 Stunden durcharbeiten zu können, so wäre eine entsprechende Reserveplanung von 50 Stunden zu empfehlen.
– **Graphische Darstellung der Planung** läßt Sie stets erkennen, ob Sie mit Ihrem ‚Fahrplan' zurechtkommen oder etwas verändert werden muß. Eine am Kalender orientierte Übersicht ist dabei nützlich (vgl. Beispiel, gegenüberliegend). Damit Sie laufend beurteilen können, ob Ihre Lerntätigkeit (Erwerb von Wissen, Problemlösefertigkeit usw.) im Hinblick auf den Zieltermin hinreichend weit fortgeschritten ist, wäre anzuraten, die Planung etwas detaillierter vorzunehmen, z.B. für ein vorgesehenes Lehrbuch nach Kapiteln oder sonst größeren Abschnitten. Wenn Sie nach entsprechenden Lernphasen zur Selbstkontrolle Prüfungsaufgaben bearbeiten, so muß hiernach unbedingt eine ausreichende Reserve vorgesehen sein, um die zu jenem Zeitpunkt erkennbar gewordenen Lücken noch durch ergänzendes Lernen etwas ausfüllen zu können.

Für Ihre kurz- und mittelfristige Arbeitsplanung wäre stets zu bedenken:

> **Leitlinie** zum Vorgehen beim Lernen:
> Improvisation kann manchmal gelingen,
> Planung ist viel besser.

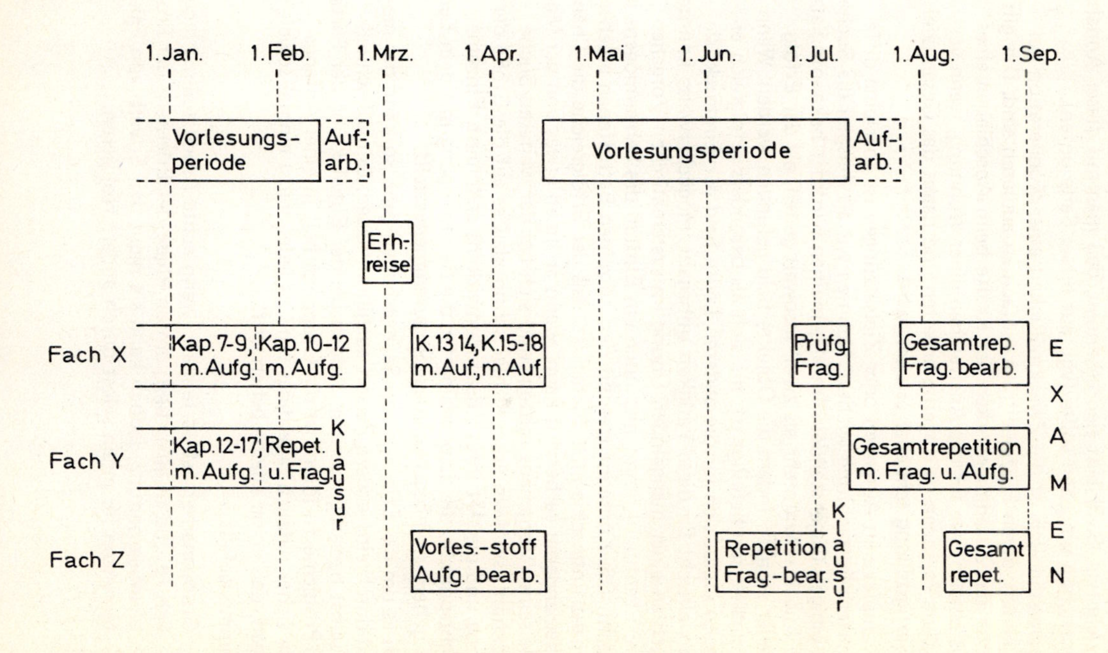

Modell-Darstellung einer mittelfristigen Planung

3.5 Lernen mit Kommilitonen, Gruppenarbeit

Zwei oder auch mehrere Personen nehmen oft Zusammenarbeit auf, weil sie davon ausgehen, daß auf diese Weise mit gleichem Aufwand größerer Erfolg oder ein äquivalentes Resultat mit geringerer Anstrengung erreicht werden kann. Im Hinblick auf die allgemeinen Lernziele (vgl. S. 3) läßt sich erkennen, daß man mit dieser Annahme vorsichtig umgehen sollte (vgl. auf dieser Seite unten).

Selbstverständlich ist die Zweckmäßigkeit einer Kooperation bei Tätigkeiten, deren Einzelbeiträge einfach zu addieren sind. Das gilt etwa für das Zusammenwirken der Kräfte beim Anschieben eines Autos ebenso, wie für das Anstreichen einer Wohnung, wenn verschiedene Personen gleichzeitig arbeiten und damit das Gesamtziel der Fertigstellung schneller erreicht wird.

Bei komplexeren Aufgaben oder Zielsetzungen ist aber eine differenziertere Betrachtung wichtig. Nehmen wir als Beispiel die Suche nach einigen Gegenständen. Im allgemeinen wird der bekannte Satz: ‚Vier Augen sehen mehr als zwei' insoweit gelten, als der Erfolg schneller eintritt, indem die Objekte bald gefunden werden. Wenn nun eine Person beteiligt ist, die sich als besonders erfolgreich erweist, so ergibt sich für die anderen Leute bald der Eindruck, sie seien vielleicht für diese Tätigkeit unbegabt, möglicherweise könnte es auch an einer mangelnden Übung im systematischen Vorgehen liegen. Eventuell kommt hier noch ein Einfluß des Sehvermögens in Betracht. Die Konsequenzen für den einzelnen Betroffenen ergeben sich ganz unterschiedlich. Sicher ist, daß der Erfolgreiche die Chancen der anderen verbessern kann, wenn er ihnen etwas von der Methode seines Vorgehens mitteilt und sich bei der weiteren Suche zurückhält usw. Man erkennt hier schon, daß es auf die Größe der Gruppe und die Art ihres Zusammenwirkens ankommt. Einzelne Gesichtspunkte, die ganz analog für die Beschäftigung mit dem Lehrstoff gelten, sind gegenüberliegend zusammengestellt.

Wenn es um das Erlernen von Sachverhalten geht, so kann das niemand durch eine andere Person ausführen lassen; es muß schließlich selbst bewältigt werden. Jedoch bei der Entwicklung der Fertigkeit, Probleme zu lösen, ist die Gruppenarbeit in einer Anfangsphase sicher nützlich; allerdings muß es jeder selbst einmal soweit bringen, daß er sie alleine beherrscht.

Zusammengefaßt:

> Gruppenarbeit ist vorteilhaft, wenn echte Arbeitsteilung möglich ist und in einer bestimmten Phase des Erlernens der Problembearbeitung, jedoch kann sie nicht den Erwerb von Faktenwissen für einen selbst durch andere realisieren.

Gruppenarbeit

Vorteile

- Arbeitsteilung bei der eingehenderen Beschäftigung mit dem Stoff, z.B. bei Vorlesungsaufzeichnungen;
- In der Kommunikation mit anderen lernt der einzelne praktischen Umgang mit der Fachterminologie;
- Bei der Formulierung von Sachverhalten und Wirkzusammenhängen werden diese oft besser verstanden;
- In bestimmten Lernphasen können Vorkenntnisse und Fertigkeiten einzelner Gruppenmitglieder zum Vorteil der übrigen eingebracht werden;
- Bei der Zusammenarbeit werden Ideen geäußert und sonst Anregungen vermittelt, die dem einzelnen oft fehlen würden;
- Falsche Überlegungen und Aussagen werden häufig schneller erkannt und berichtigt;
- Zusammenarbeit mit Kommilitonen kann zur besseren Beurteilung des eigenen Leistungsstandes beitragen.

Probleme und Nachteile

- Die Gruppe sollte nicht mehr als vier bis fünf Teilnehmer umfassen;
- Die Teilnehmer sollten in ihrer Zielsetzung und ihrem Leistungsstand nicht allzuweit differieren;
- Vielfach wird diskutiert, ohne dabei Fortschritt in Richtung auf das gesetzte Ziel zu erreichen und damit Zeit vergeudet;
- Alle Teilnehmer müssen bei einer Gruppenarbeit bemüht sein und auch die Möglichkeit haben, etwas beizutragen;
- Konkurrenzaspekte führen oft zum Streben einzelner nach häufigem Erfolg, der zwangsläufig bei den anderen ein entsprechendes Defizit verursacht, wodurch die Zusammenarbeit leidet;
- Gruppenarbeit kann mitunter von einer Person dominiert und dadurch für die anderen Teilnehmer ineffizient werden;
- Manchmal wird Faktenwissen, an das man sich bei der Nennung durch andere erinnert, als im eigenen Gedächtnis verfügbar fehleingeschätzt;
- Oft kommen Teilnehmer an Gruppenarbeit zur Auffassung, ihr eigener Leistungsstand entspräche demjenigen, der insgesamt zusammenkam und vielleicht überwiegend von anderen getragen wurde.

Teil A: Aufgaben

1 Physikalische Größen, Einheiten und Messungen

1.1 Physikalische Größen

1 Stellen Sie in einer Tabelle mit sieben Zeilen zusammen:

SI-Basisgröße (volle Bezeichng.)	übl. Symbol	Basiseinh. (volle Bez.)	desgl. (Abkürzg.)

2 Was versteht man unter einer physikalischen ‚Dimension'?

3 Ergänzen Sie die hier angefangene Tabelle:

Abgeleitete Größe:	empf. Symbol:	abgel. Einheiten:
Volumen	....	....
el. Feldstärke	....	....
Beschleunigung	....	....
Impuls	....	....

4 Wie hängt die Kraft als abgeleitete Größe des SI-Systems mit den Basisgrößen zusammen?

5 Müssen physikalische Größen durch eine Vereinbarung über Meßverfahren festgelegt werden?

6 Bei abgeleiteten Größen kommt zuweilen eine Basisgröße quadratisch oder in dritter Potenz vor. Schreiben Sie für vier Beispiele jeweils die abgeleitete Größe und deren Zusammenhang mit den Basisgrößen auf, wobei auch mehr als eine Basisgröße vorkommen kann.

7 Können drei Werte derselben physikalischen Größenart sich so addieren, daß Null resultiert?

8 Ordnen Sie tabellarisch in skalare und vektorielle Größen:
Beschleunigung, Temperatur, Leistung, Dichte, Geschwindigkeit, el. Feldstärke, Masse, Kraft.

9 Ergibt die Addition von zwei vektoriellen Größen gleicher Art (z.B. Geschwindigkeiten) stets wieder eine vektorielle Größe?

10 Kann durch Multiplikation skalarer Größen eine vektorielle Größte entstehen?

Bearbeitung von Übungsaufgaben

Wann An das Lösen von Aufgaben können Sie gehen, wenn Sie die entsprechenden Inhalte aufgenommen haben. Das kann sowohl nach der Teilnahme an entsprechenden Lehrveranstaltungen in Betracht kommen, als auch im Anschluß an individuelles Lernen mit einem geeigneten Buch. Sie sollten jeweils nach Erledigung eines thematischen Abschnitts ein paar zugehörige Aufgaben bearbeiten und solche Tätigkeit nicht ‚auf die lange Bank schieben'; vielleicht fehlt Ihnen sonst später die Zeit dazu.

Wie Die Bearbeitung von Aufgaben stellt nicht nur eine aktive Beschäftigung mit dem Lehr- und Prüfungsstoff dar, sondern ermöglicht Ihnen auch, Ihren Leistungsstand zu erkennen. Deshalb sollten Sie versuchen, die Lösungen zu finden, ohne gleich nochmals in einem Lehrtext nachzuschlagen und sich zunächst auf Ihr Gedächtnis stützen. Erst wenn die Erinnerung wirklich nicht ausreicht, wäre der Rückgriff auf die Informationsgrundlage sinnvoll, nicht jedoch sogleich das Umblättern zur Musterlösung, die Sie in diesem Buch stets auf der drittnächsten Seite finden.

Soweit in diesem Buch Zahlenwerte vorkommen, sind sie so gewählt, daß Ergebnisse ohne Taschenrechner oder andere einschlägige Hilfsmittel gefunden werden können. Mitunter genügt es zur Erleichterung der Behandlung der Zahlen, wenn Sie vertretbare Näherungen verwenden, wie z.B. $10\,m/s^2$ für die Fallbeschleunigung oder $\pi \approx 3$. Eine gewisse Fertigkeit im Umgang mit Zehnerpotenzen sollten Sie auch entwickeln und diese daher selbst bearbeiten und nicht von der Maschine ausrechnen lassen.

1.2 Einheiten

1 Kann man jede physikalische Größe durch ein Produkt einer Einheit mit einer Maßzahl darstellen?

2 Ist die Längeneinheit ‚1 Meter' mittels eines international geltenden Referenzstabes oder auf andere Weise festgelegt?

3 Ändert sich eine physikalische Größe, wenn sie in anderen (z.B. kleineren) Einheiten dargestellt wird?

4 Ist die Einheit der elektrischen Stromstärke mittels der elektrolytischen Abscheidung aus einer bestimmten Lösung oder auf andere Weise festgelegt?

5 Gibt es für die Kraft eine SI-Basiseinheit, oder ist sie mit einer abgeleiteten Kombination von Basiseinheiten darzustellen und ggf. mit welcher?

6 Wie viele Teilchen enthält die Stoffmengeneinheit ‚1 Mol' eines Stoffes und welche Festlegung besteht hierzu?

7 Ordnen Sie tabellarisch in abgeleitete Einheiten und SI-Basis-Einheiten: Newton, Kelvin, Kilogramm, Volt, Candela,
Farad, Coulomb.

8 Ergänzen Sie die folgende Liste über Einheiten-Vorsilben (mit Abkürzungen) und deren Bedeutung als Bruchteile oder Vielfache.

10^{-9}	10^{-6}	10^{-3}	1	10^{3}	10^{6}
....	....	....	1	Kilo-(k)	....

9 Ordnen Sie tabellarisch in abgeleitete SI-Einheiten und andere (noch) öfter anzutreffende Einheiten aus anderen Maßsystemen:
Volt, Torr, Kalorie, Ohm,
Pond, Newton, Siemens

10 Wie lauten die Vorsilben folgender Bruchteile und Vielfachen (jeweils mit Abkürzungen), wie sie in Verbindung mit Einheitenangaben verwendet werden?

10^{-12}	10^{-2}	10	10^{2}
....	....	....	....

1.1 Lösungen

1 Die Tabelle, die sie ausgeführt haben, läßt sich leicht mit Hilfe Ihres Lehrbuches überprüfen. Dabei wäre darauf zu achten, daß alle sieben Basisgrößen erfaßt werden.

2 Es handelt sich um die Angabe der Größenart. Beispiel: der Abstand zweier Punkte wird dargestellt durch eine Größe der Art ‚Länge'; hiermit sollte man nicht verwechseln die Nennung zur Darstellung geeigneter Einheiten.

3 Tabelle:

Volumen	V	m^3
el. Feldstärke	E	V/m
Beschleunigung	a	m/s^2
Impuls	p	kg · m/s

4 Es gilt:

$$[\text{Kraft}] = \frac{\text{Masse} \cdot \text{Länge}}{(\text{Zeit})^2}$$

Hier stehen die [ ] als Hinweis auf die Wiedergabe einer Größenart bzw. ‚Dimension'.

5 Ja, nur so wird die Unabhängigkeit von der Person, dem Ort der Beobachtung usw. erreicht.

6 Beispiele:

$[\text{Fläche}] = (\text{Länge})^2$

$[\text{Volumen}] = (\text{Länge})^3$

$[\text{Dichte}] = \text{Masse} / (\text{Länge})^3$

$[\text{Beschleunigung}] = \text{Länge} / (\text{Zeit})^2$

7 Ja, es muß eine Größenart sein, bei der die Richtung (Vorzeichen) verschieden auftreten kann (z.B. Kraft, Geschwindigkeit usw.), also bei vektoriellen Größen.

8 Skalare Größen: Temperatur, Leistung, Dichte, Masse
Vektorielle Größen: Beschleunigung, Geschwindigkeit, el. Feldstärke, Kraft.

9 Da nur Größen gleicher Art (z.B. Geschwindigkeiten) addiert werden können, entsteht wieder ein Vektor, sofern nicht gerade Null resultiert.

10 Nein, weil eine solche Verknüpfung von Größen ohne Orientierungsinformation diese auch nicht durch Multiplikation ergeben kann.

1.3 Messungen und deren Unsicherheit (Fehler)

1 Ein Kunststofflineal ist um 2% geschrumpft. Sind bei Längenbestimmungen mit diesem Gerät die Meßwerte systematisch verfälscht?

2 Läßt sich ein systematischer Fehler durch Wiederholung der gleichen Messung mit demselben Meßgerät verringern? (Antw. mit Begründg.)

3 Eine vierstellige elektronische Waage zeigt 32,47 g an. Mit welcher relativen Anzeigeunsicherheit ist diese Angabe behaftet?

4 Schreiben Sie das Resultat einer Wägung: m = 0,7 g ± 0,3% in eine Darstellung mit absoluter Angabe der Unsicherheit um.

5 Ein Instrument (Güteklasse 2,5) mit dem Meßbereich 200 μA zeigt eine Stromstärke I = 50 μA an. Welche absolute und relative Unsicherheit (der Eichung) können für den beobachteten Wert auftreten?

6 Mit einer Schublehre werden bei einem Satz Stahlkugeln folgende Durchmesser in Einzelmessungen bestimmt: 2,0, 4,0, 5,0, 7,5 und 10,0 mm. Sind die absoluten Unsicherheiten dieser Meßwerte alle gleich groß?

7 Skizzieren Sie in einem Diagramm den Zusammenhang zwischen Meßgröße und der relativen Unsicherheit für die Daten der voranstehenden Aufgabe, wenn die absolute Unsicherheit ± 0,1 mm beträgt.

8 Bei einigen Obstkernen werden folgende Massen bestimmt:
3,2 g, 3,0 g, 2,9 g, 2,8 g, 3,1 g, 3,4 g, 3,3 g.
Welcher Mittelwert ergibt sich für die Resultate?

9 Welche Standardabweichung s (Streuung) weisen die Werte der voranstehenden Aufgabe auf.

10 Haben zwei Reihen von Meßwerten mit übereinstimmender Strauung (Standardabweichung) s stets auch den gleichen Mittelwert?

1 Ja, das ist stets möglich, weil die Meßbarkeit einer physikalischen Größe auch deren Vergleich mit einer zugehörigen Bezugsgröße (Einheit) gestattet.

2 Die Längeneinheit ‚1 Meter' ist durch eine bestimmte Anzahl von Lichtwellenlängen einer speziell vereinbarten Strahlung festgelegt.

3 Nein, die physikalische Größe ist invariant gegen Änderungen der Einheit, weil dann die zugehörige Maßzahl komplementär variiert (z.B. $l = 5\,\text{cm} = 50\,\text{mm}$).

4 Nein, die Festlegung der Einheit der elektrischen Stromstärke basiert auf der magnetisch-mechanischen Kraft zwischen stromdurchflossenen Leitern.

5 Für die Kraft verwendet man die abgeleitete Einheit
$1\ \text{Newton (N)} = 1\ \text{kg} \cdot \text{m/s}^2$

6 So viele, wie Atome des Nuklids ^{12}C in 12 g Kohlenstoff enthalten sind. Deren Zahl beträgt rund $6 \cdot 10^{23}$.

7 Richtig geordnet:
Basis-Einheiten: Kelvin, Kilogramm, Candela
abgel. Einheiten: Newton, Volt, Farad, Coulomb

8 Die ergänzte Tabelle muß lauten:

10^{-9}	10^{-6}	10^{-3}	1	10^3	10^6
Nano-(n)	Mikro-(μ)	Milli-(m)	1	Kilo-(k)	Mega-(M)

9 Richtig geordnet:
abgel. SI-Einheiten: Volt, Ohm, Newton, Siemens
Einh. aus anderen Maßsystemen: Torr, Kalorie, Pond

10 Die ergänzte Tabelle muß lauten:

10^{-12}	10^{-2}	10	10^2
Pico-(p)	Zenti-(c)	Deka-(da)	Hekto-(h)

2 Mechanik

2.1 Zeitabhängige Vorgänge, Bewegungen

1 Notieren Sie drei periodisch ablaufende Vorgänge, die man für Zeitmessungen zugrundelegen kann.

2 Wieviele Meter legt ein Mensch im Mittel in einer Sekunde zurück, wenn es in einer Stunde 5 km sind?

3 Ein Elektronenstrahl bewegt sich mit einer horizontalen Geschwindigkeit von 0,5 cm je Mikrosekunde. Geben Sie diese physikalische Größe in m/s und km/s an.

4 Tragen Sie in das Diagramm ein: 1) Zeitpunkt t_1 und t_2, an denen die Geschwindigkeit Null ist; 2) Erhöhte Strichstärke der Kurve im Bereich der größten Geschwindigkeit.

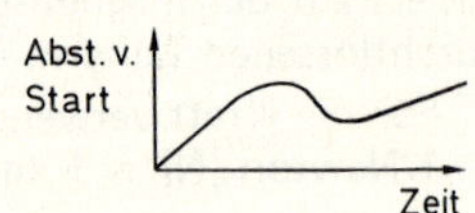

5 Vergrößern Sie die Strichstärke der Kurve in Bereichen, in denen die Beschleunigung näherungsweise Null ist.

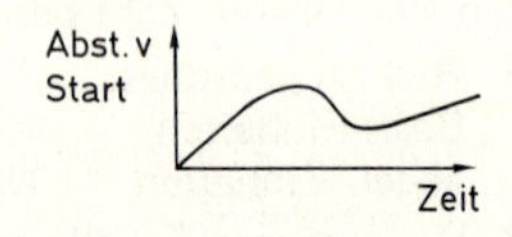

6 Auf einer mehrgliedrigen Transportvorrichtung für Pharmaprodukte tritt der dargestellte Weg-Zeit-Zusammenhang auf. Geben Sie die größte und die kleinste Geschwindigkeit an und bezeichnen Sie den Abschnitt in dem diese auftritt.

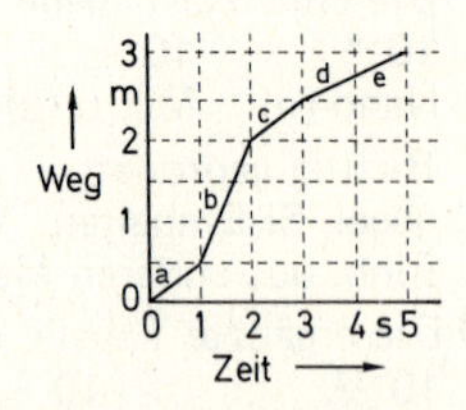

7 Wie groß ist die mittlere Geschwindigkeit in dem System, das in der vorangehenden Aufgabe dargestellt ist (im dargestellten Bereich)?

8 Stellen Sie in einem Amplitude-Zeit-Diagramm den Ausschlag eines harmonischen elastischen Schwingers dar. Tragen Sie dann auf zwei weiteren analogen Zeitachsen die Zeitpunkte ein, an denen die Auslenkungsgeschwindigkeit v und die Auslenkungsbeschleunigung a Null werden.

9 Eine Zentrifuge rotiert mit 6000 Umdrehungen je Minute. Welche Bahngeschwindigkeit hat ein Teilchen, dessen Umlauf mit einem Radius von 2 cm bezüglich der Drehachse erfolgt?

10 Tragen Sie bei den angegebenen physikalischen Größen jeweils zur Darstellung geeignete Einheiten ein:

Beschleunigung	Winkelgeschwindigkeit	Bahngeschwindigkeit
....	....	v = r·ω ....
Frequenz	Winkelbeschleunigung	Kreisfrequenz
....	....	....

1 Ja, die Skala ist zu kurz und deshalb werden alle Meßwerte um 2% größer abgelesen; sie sind entsprechend systematisch falsch.

2 Nein, weil Eichfehler stets unverändert eingehen und die Wiederholung des gleichen Vorgehens nur die zufälligen Fehler durch geeignete Mittelswertsbildung zu verringern gestattet.

3 Geht man von einer absoluten Anzeigeunsicherheit von ± 1 Einheit der letzten Stelle aus, so folgt für die relative Unsicherheit:

$$\frac{\pm 0{,}01}{32{,}47} \approx \pm \frac{0{,}03}{100} = \pm 0{,}000\,3 = \pm 3 \cdot 10^{-4} = \pm 0{,}03\%$$

Hiermit wird nichts über mögliche systematische Fehler ausgesagt.

4 Es gilt: $m = 0{,}7\,\text{g} \pm \frac{\Delta m}{m}$ woraus folgt: $\frac{\Delta m}{0{,}7\,\text{g}} = \frac{0{,}3}{100}$ und

$\Delta m = \frac{0{,}3}{100} \cdot 0{,}7\,\text{g} = 2{,}1 \cdot 10^{-3}$ g. Hiermit ergibt sich die gesuchte Angabe: $m = (0{,}7 \pm 0{,}002)$ g $= (0{,}7 \pm 2 \cdot 10^{-3})$ g.

5 Güteklasse 2,5 bedeutet an jeder Stelle der Skala eine zulässige Abweichung von 2,5% des Skalenendwertes. Daraus ergibt sich hier eine absolute Unsicherheit von ± 5 μA. Auf den angezeigten Meßwert bezogen erhält man für die eichungsbedingte relative Unsicherheit

$\pm 5\,\mu\text{A} / 50\,\mu\text{A} = \pm 10\%$

6 Bei einer Schublehre weist die Hauptskala im ganzen Meßbereich die gleiche Teilung auf. Zusammen mit dem Nonius erhält man überall die gleiche absolute Ableseunsicherheit, z.B. ± 0,1 mm.

7 Da hier das Meßverfahren eine gleichbleibende absolute Unsicherheit ergibt, weisen die Resultate mit wachsender Meßgröße geringere relative Unsicherheiten auf.

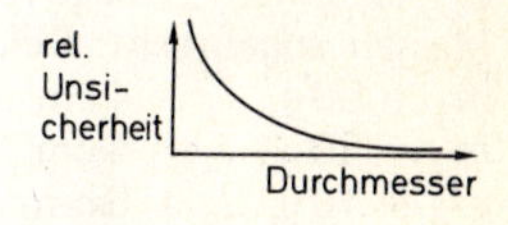

8 Die Summe der Meßwerte: $\Sigma m_i = 21{,}7$ g. Mittels Division durch die Anzahl der erfaßten Objekte erhält man: für den Mittelwert $\overline{m} = 3{,}1$ g.

9 Aus den angegebenen Daten ergibt sich in der Folge der aufgeführten Meßwerte:

$\lvert\overline{m} - m_i\rvert$	0,1	0,1	0,2	0,3	0	0,3	0,2
$(\overline{m} - m_i)^2$	0,01	0,01	0,04	0,09	0	0,09	0,04

Mit der Summe aus dieser Zeile $\Sigma(\overline{m} - m_i)^2 = 0{,}28$ erhält man für die Standardabweichung:

$$s = \sqrt{\frac{1}{6} \cdot 0{,}28} = \sqrt{0{,}0466} = 0{,}215$$

10 Nein, denn es können durchaus verschiedene Mittelwerte vorliegen, um die herum die Daten mit der gleichen Standardabweichung streuen.

2.2 Kräfte und Bewegung, Drehmoment

1 Ein Auto (Masse m = 800 kg) wird in 20 s mit gleichbleibender Beschleunigung a aus dem Stand auf eine Geschwindigkeit von 108 km/h gebracht. Welche Kraft muß dafür wirksam werden?

2 Eine Masse m hängt an einer Schraubenfeder und diese weist auf der Erde eine Länge l auf. Was kann mit der gleichen Anordnung auf dem Mond beobachtet werden?

3 Welche Zugkraft tritt in dem (masselosen) Seil auf, wenn die angehängte Masse m = 20 kg beträgt und die Kraft F_s die Last gerade im Gleichgewicht hält?

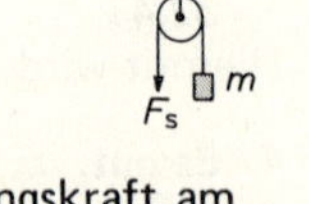

4 Wie groß ist in der vorstehenden Aufgabe die Zwangskraft am Deckenhaken, wenn man die Messe von Rolle und Seil vernachlässigen kann?

5 An einem Körper greifen im senkrechten Abstand von je 5 cm von der Drehachse zwei entgegengesetzt gerichtete Kräfte von je 8 N an. Skizzieren Sie den Sachverhalt und bestimmen Sie das auftretende Drehmoment (Angabe in N · m).

6 Schreiben Sie zu jeder hier angegebenen physikalischen Größe zu deren Darstellung geeignete SI-Einheiten, ggf. unter Berücksichtigung einer besonderen Einheitenbezeichnung.

Kraft   Beschleunigung   Drehmoment   Masse

7 Drei Kräfte, deren Beträge gleich groß sind, kompensieren sich gegenseitig. Was muß in diesem Fall für die Richtungen gelten?

8 Auf einem (Waage-)Balken sind vier Massen angebracht. Bekannt sind:
m_1 = 50 g, l_1 = 4 cm
m_2 = 20 g, l_2 = 4 cm
m_3 = 10 g, l_3 = 6 cm

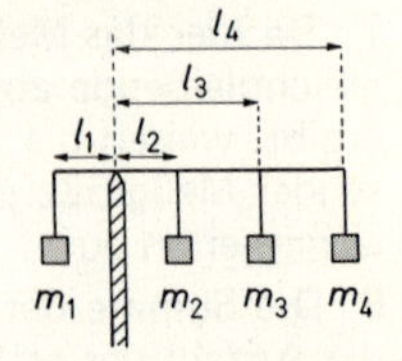

Wie groß muß die bei l_4 = 10 cm angehängte Masse m_4 sein, damit Gleichgewicht (Drehmomentenkompensation) erreicht wird?

9 Mit welcher Kraft drückt der Waagebalken (mit vernachlässigbarer Eigenmasse) infolge der angehängten Massen im Gleichgewichtsfall auf die Schneide? ($g \approx 10\,m/s^2$)

10 Skizzieren Sie in einem geeigneten Diagramm schematisch die Abhängigkeit der Zentrifugalkraft von der Winkelgeschwindigkeit ω für ein Teilchen, das in einer Zentrifuge mit gleichbleibendem Radius umläuft.

1 Beispiele sind: Schwingungen eines Schwerependels;
Schwingungen eines Drehpendels;
Bahnumlauf von Himmelkörpern u.a.

2 $5\,\mathrm{km/h} = 5000\,\mathrm{m} / 3600\,\mathrm{s} = \dfrac{50\,\mathrm{m}}{36\,\mathrm{s}} = 1{,}4\,\mathrm{m/s}$

3 $v = \dfrac{0{,}5\,\mathrm{cm}}{1\,\mu\mathrm{s}} = \dfrac{5 \cdot 10^{-3}\,\mathrm{m}}{10^{-6}\,\mathrm{s}} = 5 \cdot 10^{3}\,\mathrm{m/s} = 5\,\mathrm{km/s}$

4 Wenn die Geschwindigkeit Null wird, hat die Kurve eine horizontale Tangente. Den größten Wert hat sie in dem Kurventeil, wo die Steigung den höchsten Wert in diesem Diagramm ergibt.

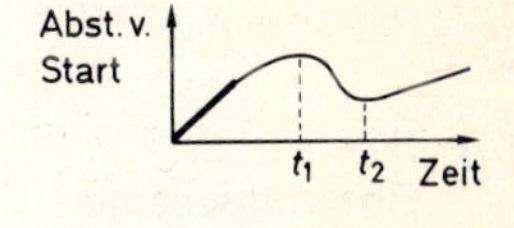

5 Die Beschleunigung ist jeweils dann Null, wenn die Geschwindigkeit konstant ist. Hier ist dieser Sachverhalt in den geraden Stücken der Kurve gegeben.

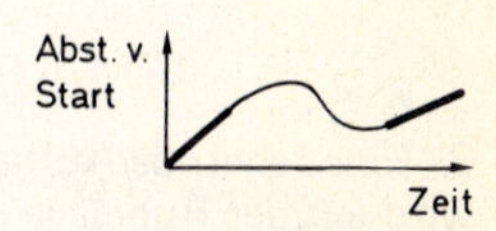

6 Aus dem Diagramm ist zu entnehmen:
größte Geschwindigkeit $v = 1{,}5\,\mathrm{m/s}$ im Abschnitt b
kleinste Geschwindigkeit $v = 0{,}25\,\mathrm{m/s}$ in den Abschn. d und e.

7 Es werden insgesamt 6 m in 5 s zurückgelegt. Damit erhält man die Mittlere Geschwindigkeit $\overline{v} = 1{,}2\,\mathrm{m/s}$.

8 Zu einer sinusförmig zu zeichnenden Kurve sollten die jeweils darunter angegebenen Stellen markiert werden.

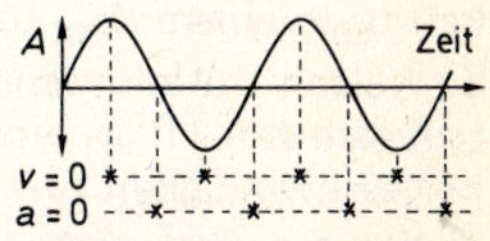

9 Für die Bahngeschwindigkeit v erhält man bei der Drehfrequenz ν und dem Radius r: $v = 2\pi r \nu = r \cdot \omega = 2\,\mathrm{cm} \cdot 2\pi \cdot 100\,\mathrm{s}^{-1}$
$= 4 \cdot \pi \cdot 100\,\mathrm{cm/s} = 12{,}56\,\mathrm{m/s}$

10 Das Lösungsschema:

Beschleunigung	Winkelgeschwindigkeit	Bahngeschwindigkeit
$\mathrm{m/s^2}$	$\mathrm{s^{-1}}$	$\mathrm{m/s}$
Frequenz	Winkelbeschleunigung	Kreisfrequenz
Hz	$\mathrm{s^{-2}}$	$\mathrm{s^{-1}}$

2.3 Energie (Arbeit), Leistung

1 Wie groß ist ungefähr die aufzuwendende Energie W, wenn ein Chemikalienbehälter (Masse m = 2,5 kg) im Schwerefeld der Erde ($g \approx 10\,m/s^2$) vom Fußboden um 1,2 m angehoben werden muß, um ihn auf ein Regal zu stellen?

2 Geben Sie zu den hier aufgeführten Formen der Energie die Gleichungen an, die üblicherweise für ihre Darstellung benutzt werden:

potentielle Energie

W = ...

kinetische Energie

W = ...

Rotationsenergie

W = ...

Deformations-(Spann-)Energie

W = ...

3 Eine federnde Aufhängevorrichtung (Federkonstante D = 20 N/cm) wird aus der Ruhelage um 4 cm ausgedehnt. Welche Spannarbeit (Deformationsenergie) W (in Nm) ist dafür aufzubringen?

4 Ein Mensch muß sich von einer kippenden Leiter in Sicherheit bringen. Er springt aus einer Höhe von 3,2 m auf den Boden. Mit welcher Geschwindigkeit v kommt er unten an?

5 Stellen Sie schematisch den Zusammenhang zwischen Rotationsenergie W_{rot} eines Zentrifugenrotors und seiner Winkelgeschwindigkeit ω in einem W_{rot}-ω-Diagramm dar.

6 Welche Rotationsenergie (in Nm und in Ws) tritt bei einem Zentrifugenrotor (Trägheitsmoment $J = 2 \cdot 10^{-4}\,kg \cdot m^2$) bei einer Winkelgeschwindigkeit $\omega = 2 \cdot 10^4\,s^{-1}$ auf?

7 Welche mittlere Antriebsleistung $\overline{P}$ wird zugeführt, wenn die Anordnung aus der vorigen Aufgabe in 80 s aus dem Stand auf die genannte Winkelgeschwindigkeit gebracht wird?

8 Wie lassen sich drei äquivalente Ausdrücke für abgeleitete SI-Einheiten zur Darstellung der Energie schreiben, in denen jeweils eine Auswahl aus den Einheiten J, N, m, s, und W in geeigneter Kombination vorkommt?

9 Skizzieren Sie den zeitabhängigen Verlauf der kinetischen Energie W_{kin} eines Schüttlers, wenn der Flascheneinsatz zur Ruhelage symmetrische Auslenkungen A erfährt.

10 Wie lassen sich drei äquivalente Ausdrücke mit abgeleiteten SI-Einheiten zur Darstellung der Leistung schreiben, in denen jeweils eine Auswahl aus den Einheiten J, N, m, s, und W in geeigneter Kombination vorkommt?

Freier Fall: $v = g \cdot t$ $x = \frac{1}{2} g t^2$

1 Beschleunigung: $a = \frac{\Delta v}{\Delta t} = \frac{108\,\text{km/h}}{20\,\text{s}} = \frac{108000\,\text{m}}{3600\,\text{s} \cdot 20\,\text{s}} = \frac{3}{2}\,\frac{\text{m}}{\text{s}} =$ $1{,}5\,\text{m/s}^2$

Kraft: $F = m \cdot a = 800\,\text{kg} \cdot 1{,}5\,\text{m/s}^2 = 1200\,\text{kg} \cdot \text{m/s}^2 =$ $1200\,\text{N} = 1{,}2\,\text{kN}$.

2 Auf dem Mond ist die gravitationsbedingte Gewichtskraft wesentlich geringer. Deshalb wird dort die Feder weniger gedehnt.

3 Die Zugkraft in dem Seil entspricht der von der Masse verursachten Gewichtskraft $F = m \cdot g \approx 20\,\text{kg} \cdot 10\,\text{m/s}^2 = 200\,\text{N}$.

4 Nach dem Prinzip ‚actio = reactio' tritt am Deckenhaken bei nicht bewegtem System folgende Zwangskraft auf:

$F_z = m \cdot g + F_s = 200\,\text{N} + 200\,\text{N} = 400\,\text{N}$

5 Es ergibt sich insgesamt ein Drehmoment:

$M = 2 \cdot 8\,\text{N} \cdot 5\,\text{cm}$
$= 2 \cdot 8\,\text{N} \cdot 0{,}05\,\text{m} = 0{,}8\,\text{N} \cdot \text{m}$

$F = 8\,\text{N}$
5 cm
Drehachse (senkrecht z. Ebene)
5cm
$F = 8\,\text{N}$

6

Kraft	Beschleunigung	Drehmoment	Masse
$\frac{\text{kg} \cdot \text{m}}{\text{s}^2}$ (= Newton)	m/s^2	$\text{N} \cdot \text{m} = \frac{\text{kg} \cdot \text{m}^2}{\text{s}^2}$	kg

7 Nach dem Gesetz der Statik muß die Vektorsumme Null ergeben. Das tritt auf, wenn sich die Richtungen der Kräfte jeweils um 120° voneinander unterscheiden. Die Vektoraddition ergibt ein gleichseitiges Dreieck.

8 Wird in den Beziehungen für die einzelnen Drehmomentbeiträge die Fallbeschleunigung durch Division eliminiert, so erhält man: $m_1 \cdot l_1 = 200\,\text{g} \cdot \text{cm}$; $m_2 \cdot l_2 = 80\,\text{g} \cdot \text{cm}$ und $m_3 \cdot l_3 = 60\,\text{g} \cdot \text{cm}$. Zur Erreichung des Gleichgewichts (Drehmomentenkompensation) muß gelten: $m_4 \cdot l = 60\,\text{g} \cdot \text{cm}$, woraus folgt $m_4 = 6\,\text{g}$.

9 Im Gleichgewichtsfall liegt der Schwerpunkt des Balkens mit den angehängten Gewichten genau über der Schneide. Da man hier die Masse wie im Schwerpunkt vereinigt behandeln kann und der Balken selbst als masselos angenommen ist, beträgt das Gesamtgewicht: $G = (50\,\text{g} + 20\,\text{g} + 10\,\text{g} / 6\,\text{g}) \cdot 10\,\text{m/s}^2 = 0{,}086\,\text{kg} \cdot \text{m/s}^2 = 0{,}85\,\text{N}$.

10 Da die Zentrifugalkraft $F_z = m r \omega^2$ ist, gilt also $F_z \approx \omega^2$ und man erhält das nebenstehende Diagramm.

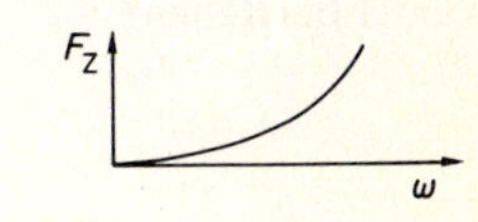

2.4 Impuls und Drehimpuls

1 Wie lange muß eine konstante Kraft $F = 20\,N$ auf einen Körper einwirken, damit er einen Impuls $P = 120\,kg \cdot m/s$ erhält?

2 Können zwei in Bewegung befindliche Körper insgesamt einen Impuls haben, der Null ist?

3 Füllen Sie die kleine Tabelle an den leeren Stellen mit ‚ja' oder ‚nein' aus.

	Erhaltung mechanischer Energie	Erhaltung des Gesamtimpulses
elastische Stöße	......ja......	......ja......
unelastische Stöße	......nein......	......ja......

4 In einen mit $v_1 = 0{,}75\,m/s$ fahrenden Transportbehälter ($m_1 = 20\,kg$) fällt senkrecht ein Schüttgut (z.B. ein Salz), dessen Masse $m_s = 30\,kg$ beträgt. Auf welchen Betrag ändert sich die Geschwindigkeit?

5 Skizzieren Sie in einem Drehimpuls (L) – Winkelgeschwindigkeit (ω) – Diagramm den Zusammenhang dieser Größen für einen (leeren) Zentrifugenrotor.

6 Kann man durch innere Massenverschiebung den Drehimpuls und/oder die Rotationsfrequenz eines Systems verändern? (Beispiel?)

7 Skizzieren Sie in einem Diagramm die Abhängigkeit des Trägheitsmomentes J eines (leeren) Zentrifugenrotor von der Winkelgeschwindigkeit seiner Rotation.

8 Wenn man eine elektrische Bohrmaschine einschaltet, so versucht sich beim Anlaufen das Gehäuse zu drehen. Hat das etwas mit einem Drehimpuls zu tun, ggf. wie?

9 Notieren Sie den Zusammenhang zwischen den Größen Impuls, Kraft und Zeit.

10 Wie läßt sich auf zwei verschiedene Arten der Impuls mit einer geeigneten Kombination einer Auswahl aus den Einheiten: kg, m, N und s darstellen?

1 In diesem Fall ist die Hubarbeit zu ermitteln:

$$W = m\,g\,h = 2{,}5\,\text{kg} \cdot 10\,\frac{\text{m}}{\text{s}^2} \cdot 1{,}2\,\text{m} = 30\,\frac{\text{kg}\cdot\text{m}}{\text{s}^2} \cdot \text{m} = 30\,\text{N}\cdot\text{m}$$

2 Die gesuchten Zusammenhänge lauten:

potentielle Energie $W = m\,g\,h$

kinetische Energie $W = \frac{1}{2} m\,v^2$

Rotationsenergie $W = \frac{1}{2} J\,\omega^2$

Deformations-(Spann-)Energie $W = \frac{1}{2} D\,x^2$

3 Bei der Dehnung der Feder ist aufzuwenden die Energie:

$$W = \frac{1}{2} D\,x^2 = 0{,}5 \cdot 20\,\frac{\text{N}}{\text{cm}} \cdot 16\,\text{cm}^2 = 160\,\text{N}\cdot\text{cm} = 1{,}6\,\text{Nm}$$

4 Da sich die freiwerdende potentielle Energie als kinetische Energie beim Auftreffen wiederfinden muß, erhält man:

$$m\,g\,h = \frac{1}{2} m\,v^2 \text{ daraus folgt: } v = \sqrt{2\,g\,h} \approx \sqrt{2 \cdot 10\,\frac{\text{m}}{\text{s}^2} \cdot 3{,}2\,\text{m}}$$

$$= \sqrt{64\,\frac{\text{m}^2}{\text{s}^2}} = 8\,\text{m/s} = 3600 \cdot 8\,\text{m/h}$$

$$= 28800\,\text{m/h} = 28{,}8\,\text{km/h}$$

5 Wegen des Zusammenhanges

$W_{rot} = \frac{1}{2} J\,\omega^2$ erhält man:

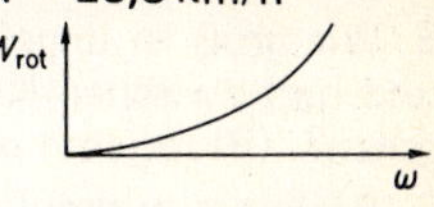

6 Für die Rotationsenergie erhält man

$$W = \frac{1}{2} J\,\omega^2 = 0{,}5 \cdot 2 \cdot 10^{-4}\,\text{kg}\cdot\text{m}^2 \cdot 4 \cdot 10^8\,\text{s}^{-2}$$

$$= 4 \cdot 10^4\,\frac{\text{kg}\cdot\text{m}^2}{\text{s}^2} = 4 \cdot 10^4\,\text{Nm} = 4 \cdot 10^4\,\text{Ws}$$

7 Für die mittlere Antriebsleistung erhält man:

$P = W/t = 4 \cdot 10^4\,\text{Ws} / 80\,\text{s} = 500\,\text{W}$

8 Die gesuchten Kombinationen lauten: $\text{N}\cdot\text{m} = \text{J} = \text{W}\cdot\text{s}$

9 Die Schüttelvorrichtung führt eine periodische Bewegung aus, die beim Hinundhergehen immer wieder kinetische Energie auftreten und verschwinden läßt.

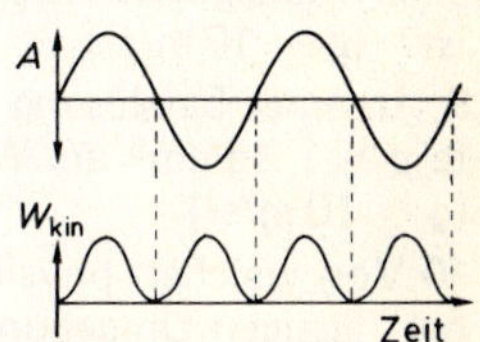

10 Die gesuchten drei Ausdrücke für die Leistung lauten:

$$\frac{\text{N}\cdot\text{m}}{\text{s}} = \frac{\text{J}}{\text{s}} = \text{W}$$

2.5 Kräfte und deformierbare Körper sowie ruhende Flüssigkeiten

1 Zeichnen Sie in dem doppeltlogarithmischen Diagramm die dem Hookeschen Gesetz genügende Längenänderung einer Feder mit der Federkonstanten D = 6 N/cm ein.

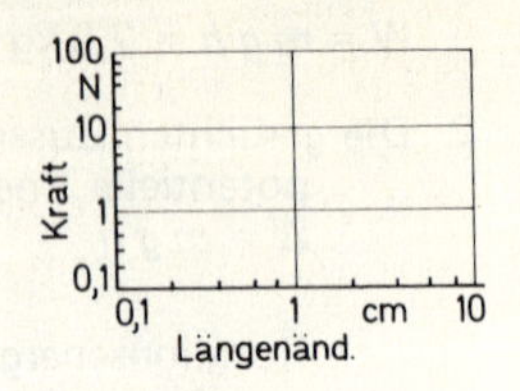

2 Der Elastizitätsmodul von Stahl ist etwa 20fach größer als jener eines untersuchten Kunststoffs. Wieviel mehr oder weniger kann eine zylindrische Probe des einen Materials mit der gleichen Kraft gedehnt werden, als eine Probe mit gleichen Abmessungen aus dem anderen Stoff.

3 Läßt man einen Druckmesser in einem flüssigkeitsgefüllten Behälter langsam tiefer sinken, so erhält man einen Druckverlauf zwischen Oberfläche und Boden, der in einem Diagramm schematisch gezeichnet werden soll.

4 Für physiologische Druckmessungen wird zuweilen ein wassergefülltes U-Rohr-Manometer verwendet. Welcher Wert des Druckes in mbar ergibt sich aus einer Höhendifferenz der Flüssigkeitssäulen in beiden Schenkeln von etwa 5 cm? ($g \approx 10\,m/s^2$)

5 Wie groß ist ungefähr die hydrostatische Druckdifferenz (in Pa und bar) zwischen Kopf und Füßen eines etwa 1,8 m großen Menschen? (Blutdichte $\rho \approx 1\,g/cm^3$, Fallbeschleunigung $g \approx 10\,m/s^2$)

6 Bei einer hydraulischen Presse wird der Druckkolben (Durchmesser 2 cm) mit einer Kraft F = 12 N betätigt. Welcher Stempeldruck (in Pa und in bar) entsteht hierdurch in dem System?

7 Ein fester Körper weist in Luft ein Gewicht von 10 N auf. In Wasser eingetaucht, beträgt es noch 6 N. Wie groß ist seine relative Dichte mit Bezug auf Wasser?

8 Der Meßkörper einer Mohrschen Waage hat ein Volumen $V = 5\,cm^3$. Welchen Auftrieb F_A erfährt er ungefähr, wenn er in einer Flüssigkeit mit der Dichte $\rho = 0{,}8\,g/cm^3$ ganz untergetaucht ist? ($g \approx 10\,m/s^2$)

9 In einer Salzlösung schwimmt ein Aräometer und zeigt eine Dichte $\rho = 1{,}2\,g/cm^3$ an. Wie groß ist die Masse M des Aräometers? ($g \approx 10\,m/s^2$)

10 Von welchen physikalischen Eigenschaften eines Körpers und seiner flüssigen Umgebung hängt es ab, ob er sinkt oder aufschwimmt?

1 Da es sich um die Übertragung eines ‚Kraftstoßes' handelt, gilt:

$$p = F \cdot \Delta t \text{ und } \Delta t = p/F = \frac{120\,\text{kg}\cdot\text{m/s}}{20\,\text{kg}\cdot\text{m/s}^2} = 6\,\text{s}$$

2 Ja, das ist möglich, wenn sie sich genau entgegengesetzt gerichtet bewegen und die beiden Produkte von Masse und Geschwindigkeit gleich groß sind.

3

	Erhaltung mechanischer Energie	Erhaltung des Gesamtimpulses
elastische Stöße	ja	ja
unelastische Stöße	nein	ja

4 Der fahrende Behälter muß seinen Impuls wegen dessen Erhaltung aufteilen, weil auch das senkrecht fallende Schüttgut horizontal mitzunehmen ist: $m_1 v_1 = p = (m_1 + m_s)\, v_2$ daraus folgt:

$$v_2 = \frac{m_1}{m_1 + m_s} v_1 = \frac{20}{20+30} \cdot 0{,}75\,\frac{\text{m}}{\text{s}} = \frac{2}{5} \cdot 0{,}75\,\frac{\text{m}}{\text{s}} = 0{,}3\,\text{m/s}$$

5 Der Drehimpuls wächst bei unverändertem Trägheitsmoment (d.h. wenn sich der Rotor nicht deformiert) proportional zur Winkelgeschwindigkeit ω:

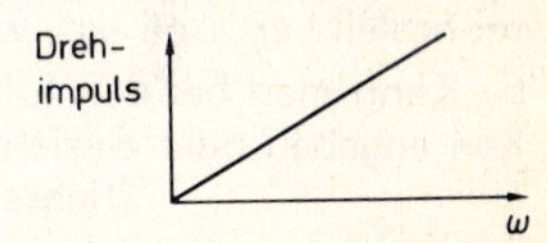

6 Der Drehimpuls ist durch innere Maßnahmen nicht zu verändern. Die Winkelgeschwindigkeit kann sich bei Variation des Trägheitsmomentes jedoch durchaus ändern. Beispiel: Pirouette beim Eislaufen.

7 Ein (leerer) Zentrifugenrotor sollte sich nicht deformieren. Deshalb ist sein Trägheitsmoment unabhängig von der Winkelgeschwindigkeit ω:

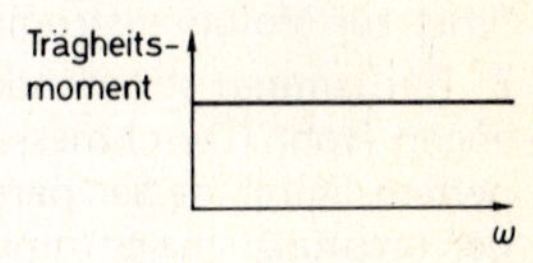

8 Ja, die Änderung des Drehimpulses des rotierenden Bohrfutters und anderer damit verbundener Teile bewirkt ein Drehmoment während einer merklichen Zeitspanne (Analogie zum Kraftstoß). Beim Drehmoment M, das außen wirksam wird, gilt: $M = \frac{dL}{dt}$ = zeitl. Änderung des Drehimpulses.

9 Der Impuls stellt die Kraft·Zeit-Summe, also den Kraftstoß dar.

10 Die gesuchten Einheitenkombinationen sind:

$\text{kg}\,\frac{\text{m}}{\text{s}}$ (aus $p = m \cdot v$) und N s (aus $p = \int F\, dt$)

2.6 Bewegte Flüssigkeiten und Gase

1 Stellen Sie in einem geeigneten Diagramm dar, wie sich in einer unverzweigten Leitung die mittlere Geschwindigkeit $\overline{v}$ einer strömenden Flüssigkeit in Abhängigkeit vom örtlich variierenden Querschnitt A ergibt.

2 Bei Einschnürung eines Strömungskanals ändern sich Staudruck und statischer Druck. Wie sieht der Zusammenhang in einem p_{stat}-p_{stau}-Diagramm aus?

3 Die Volumenstromstärke(I)-Druckdifferenz(Δp)-Charakteristik einer Flüssigkeit bei einer Rohrströmung hat den nebenstehend angegebenen Verlauf. Handelt es sich um eine Newtonsche Flüssigkeit?

4 Ändern sich im Bereich der Druckvariation in der Anordnung der vorangehenden Aufgabe der Strömungswiderstand und der Strömungsleitwert und ggf. wie?

5 Kann man bei den folgenden Stoffklassen die bezeichneten Größen angeben oder Beziehungen verwenden? (Angabe ‚ja' oder ‚nein')

	Dichte	Viskosität	Bernoullische Gleichung
Flüssigkeiten	....	....	....
Gase	....	....	....

6 Eine Kapillare weist für Wasser einen Strömungswiderstand $R = 3 \cdot 10^8$ Pa·s/m² auf. Welche Druckdifferenz an den Enden führt zur Volumenstromstärke I = 1 cm³/min?

7 Bei laminar strömender Newtonscher Flüssigkeit wird zu einem engen Rohr (Durchmesser 0,5 cm) noch ein gleich langes mit doppeltem Durchmesser parallelgeschaltet. In welchem Verhältnis stehen der ursprüngliche Strömungswiderstand R_1 und jener der Parallelschaltung R_{ges}?

8 Bei einer laminar strömenden Newtonschen Flüssigkeit verengt sich die Rohrleitung vom Radius r_1 auf $r_2 = 0{,}71\, r_1$. In welchem Verhältnis stehen Δp_1 und Δp_2?

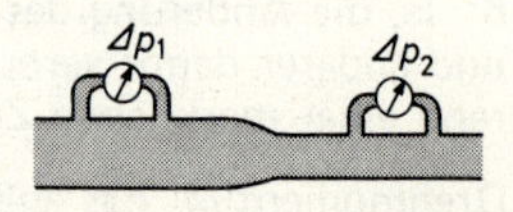

9 Geben Sie zu den folgenden Größen geeignete (abgeleitete Größen an.

Volumenstromstärke	Strömungswiderstand	Viskosität
....	....	....

10 Stellen Sie die Sedimentationsgeschwindigkeit v in einer Zentrifuge in Abhängigkeit von der Winkelgeschwindigkeit ω schematisch in einem Diagramm dar.

1 Aus den leicht überschaubaren Werten für zusammengehörige Daten für Längenänderung und dafür erforderlich Dehnungskraft sucht man nur soviele heraus, wie zur Charakterisierung erforderlich.

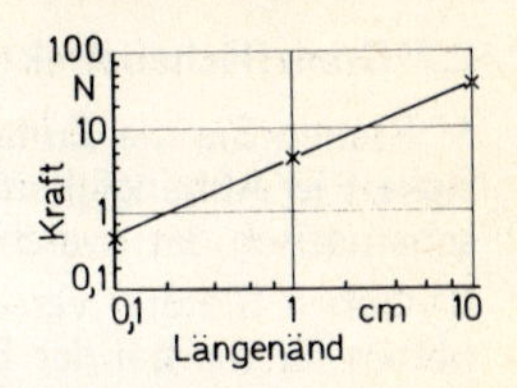

2 Aus $\sigma = E \cdot \Delta l/l$ folgt $E_1 \Delta l_1/l_1 = \sigma = E_2 \Delta l_2/l_2$. Wegen $l_1 = l_2$ erhält man schließlich: $\Delta l_1/\Delta l_2 = E_2/E_1$. Daher erreicht die Dehnung (rel. Längenänderung) beim Eisen nur etwa 1/20 der entsprechenden Elongation bei der Kunststoffprobe mit den gleichen Maßen.

3 Mit zunehmender Tiefe wächst der (hydrostatische) Druck linear an:

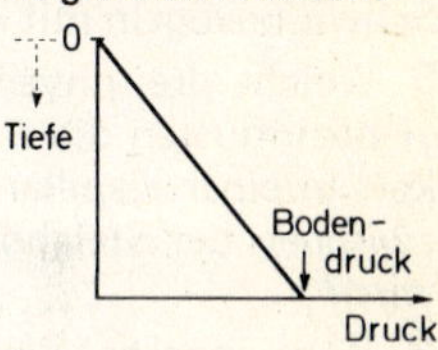

4 Mit den üblichen Bezeichnungen gilt:

$$p = \rho g h = 1 \frac{\text{g}}{\text{cm}^3} \cdot 10 \frac{\text{m}}{\text{s}^2} \cdot 0{,}05\,\text{m} = 10^3 \frac{\text{kg}}{\text{m}^3} \cdot 10 \frac{\text{m}}{\text{s}^2} \cdot 0{,}05\,\text{m}$$

$$= 5 \cdot 10^2 \frac{\text{kg} \cdot \text{m}}{\text{s}^2\,\text{m}^3} = 5 \cdot 10^2\ \text{N/m}^2 = 5 \cdot 10^2 \cdot 10^{-5}\ \text{bar} = 5\,\text{mbar}$$

5 Mit den üblichen Bezeichnungen gilt:

$$p = \rho g h = 1 \frac{\text{g}}{\text{cm}^3} \cdot 10 \frac{\text{m}}{\text{s}^2} \cdot 1{,}8\,\text{m} = 10^3 \frac{\text{kg}}{\text{m}^3} \cdot 10 \frac{\text{m}}{\text{s}^2} \cdot 1{,}8\,\text{m}$$

$$= 1{,}8 \cdot 10^4 \frac{\text{kg} \cdot \text{m}}{\text{s}^2} \cdot \frac{1}{\text{m}^2} = 1{,}8 \cdot 10^4\ \text{Pa} = 0{,}18\,\text{bar}$$

6 Für den Stempeldruck ergibt sich:

$$p = F/A = 12\,\text{N} \,/\, \left(\frac{d^2\pi}{4}\right) = 12\,\text{N} \,/\, \frac{(0{,}02\,\text{m})^2\,\pi}{4}$$

$$= 12\,\text{N} \,/\, \pi \cdot 10^{-4}\,\text{m}^2 \approx 4 \cdot 10^4\,\text{N/m}^2 = 4 \cdot 10^4\,\text{Pa} = 0{,}4\ \text{bar}$$

7 Für die relative Dichte erhält man:

$$d = \frac{\rho_K}{\rho_W} = \frac{\rho_K\, g\, V_K}{\rho_W\, g\, V_K} = \frac{G}{A} = \frac{10\,\text{N}}{10\,\text{N} - 6\,\text{N}} = \frac{10\,\text{N}}{4\,\text{N}} = 2{,}5$$

8 Für die Auftriebskraft gilt: $F_A = \rho g V = 0{,}8 \frac{\text{g}}{\text{cm}^3} \cdot 10 \frac{\text{m}}{\text{s}^2} \cdot 5\,\text{cm}^3$

$$= 40 \frac{\text{g}}{\text{cm}^3} \cdot \frac{\text{m}}{\text{s}^2} \cdot \text{cm}^3 = 40 \frac{\text{g m}}{\text{s}^2} = 0{,}04 \frac{\text{kg m}}{\text{s}^2} = 0{,}04\,\text{N}$$

9 Da nach der Schwimmbedingung Gewicht und Auftrieb übereinstimmen: $M g = V \rho g$ daraus folgt: $M = V \cdot \rho = 6\,\text{cm}^3 \cdot 1{,}2 \frac{\text{g}}{\text{cm}^3} = 7{,}2\,\text{g}$

10 Es kommt darauf an, ob die Dichte ρ des Körpers größer (Sinken) oder kleiner (Aufschwimmen) als die seiner Umgebung ist.

2.7 Grenzflächeneffekte

1 Stellen Sie die Zunahme ΔW der Oberflächenenergie einer Flüssigkeit in Abhängigkeit von der Vergrößerung ΔA ihrer Oberfläche schematisch dar; welche Bedeutung hat das Steigungsmaß?

2 Geben Sie drei verschiedene Darstellungsmöglichkeiten in SI-Einheiten für die bei der Erzeugung zusätzlicher Oberfläche aufzuwendende spezifische Grenzflächenenergie an.

3 Weshalb nehmen ‚Fettaugen' auf Wasser näherungsweise kreisförmige Gestalt an?

4 Wie hängt die wasserabweisende Wirkung des Gefieders von Schwimmvögeln mit Adhäsion und Kohäsion zusammen?

5 Welche drei physikalischen Größen (außer der Fallbeschleunigung g) beeinflussen die Steighöhe einer vollständig benetzenden Flüssigkeit in einer Kapillare, und welcher funktionale Zusammenhang gilt zwischen der Steighöhe h und der jeweiligen Größe, die angegeben wird?

6 Kann man bei Wasser die Erscheinung der Kapillardepression beobachten?

7 Geben Sie zu den nachfolgenden bezeichneten Maßnahmen an, ob und ggf. wie sich die Steighöhe von Wasser in einer Glaskapillare ändert:

1) Temperaturerhöhung ....

2) Verlängerung der Kapillare ....

3) Zusatz eines Waschmittels ....

8 Stellen Sie in einem Diagramm dar, wie sich die Steighöhe h einer vollständig benetzenden Flüssigkeit mit der Kapillarkonstanten γ (z.B. bei Temperaturerhöhung) ändert.

9 Stellen Sie in einem h-r-Diagramm schematisch dar, wie sich die Steighöhe h einer gegebenen benetzenden Flüssigkeit in Abhängigkeit vom gewählten Kapillareninnenradius r ändert.

10 Wird bei dem Abropfen von 1 cm^3 Flüssigkeit aus einem Stalagmometer (Normaltropfenzähler) die Anzahl der Tropfen größer oder kleiner, wenn ein oberflächenaktiver Zusatz beigemischt wird?

1 Nach der Kontinuitätsbedingung gilt $A_1 \overline{v}_1 = A_2 \overline{v}_2$ = const in der unverzweigten Leitung. Damit erhält man in einem $\overline{v} - A$-Diagramm:

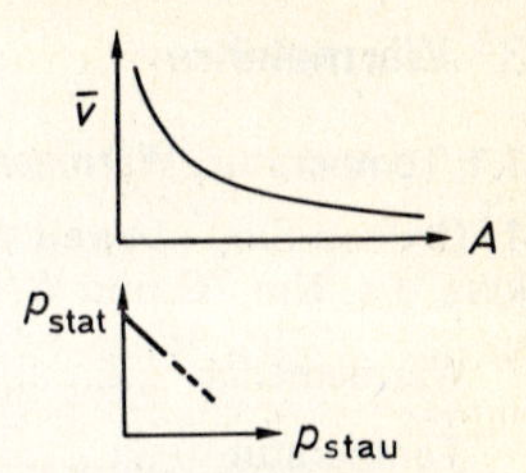

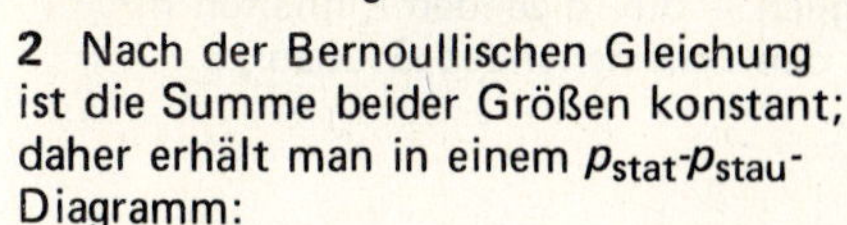

2 Nach der Bernoullischen Gleichung ist die Summe beider Größen konstant; daher erhält man in einem p_{stat}-p_{stau}-Diagramm:

3 Bei kleinen Druckdifferenzen liegt näherungsweise Newtonsches Verhalten vor und bei größeren Druckdifferenzen tritt deutlich eine Abweichung in Erscheinung.

4 Mit steigender Druckdifferenz nimmt die Volumenstromstärke vergleichsweise immer schwächer zu. Das bedeutet, daß damit zugleich der Strömungswiderstand größer und der Strömungsleitwert geringer werden.

5	Dichte	Viskosität	Bernoullische Gleichung
Flüssigkeiten	ja	ja	ja
Gase	ja	ja	ja

6 Es gilt für die Volumenstromstärke $I = 1 \dfrac{\text{cm}^3}{\text{min}} = \dfrac{1}{60} \dfrac{\text{cm}^3}{\text{s}} = \dfrac{10^{-6}}{60} \dfrac{\text{m}^3}{\text{s}}$

Die Druckdifferenz $p = R \cdot I = \dfrac{10^{-6}}{60} \dfrac{\text{m}^3}{\text{s}} \cdot 3 \cdot 10^8 \dfrac{\text{Pa} \cdot \text{s}}{\text{m}^3} = \dfrac{300}{60}\,\text{Pa} = 5\,\text{Pa}$

7 Hier gilt: $\dfrac{1}{R_{ges}} = \dfrac{1}{R_1} + \dfrac{1}{R_2}$ daraus folgt $R_{ges} = \dfrac{R_1 \cdot R_2}{R_1 + R_2}$

und $\dfrac{R_{ges}}{R_1} = \dfrac{R_2}{R_1 + R_2}$. Nach dem Hagen-Poiseuilleschen Gesetz verhalten sich die Strömungswiderstände der beiden Rohre wie 16 : 1.

Damit folgt: $\dfrac{R_{ges}}{R_1} = \dfrac{1/16}{1 + 1/16} = \dfrac{1}{16 + 1} = \dfrac{1}{17}$ des ursprüngl. Wertes.

8 Der Strömungswiderstand nimmt mit r^{-4} zu. Daraus erhält man:

$$\Delta p_2 = \left(\frac{1}{0{,}71}\right)^4 \cdot \Delta p_1 = \left(\frac{1}{0{,}5}\right)^2 \cdot \Delta p_1 = \frac{1}{0{,}25} \cdot \Delta p_1 = 4\,\Delta p_1$$

9 Es gehören zusammen:

	Volumenstromstärke	Strömungswiderstand	Viskosität
und	m^3/s	$\text{Pa} \cdot \text{s}/\text{m}^3 = \text{N} \cdot \text{s}/\text{m}^5$	$\text{Pa} \cdot \text{s} = \text{N} \cdot \text{s}/\text{m}^2$

10 Wenn die Zentripetalbeschleunigung a schon groß ist im Vergleich zur Fallbeschleunigung g, so gilt für die Sedimentationsgeschwindigkeit $v \sim a \sim \omega^2$

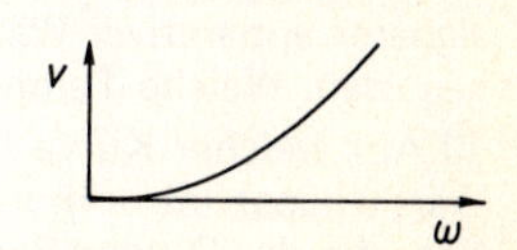

3 Wärmelehre

3.1 Temperatur, Wärmeenergie, Kalorimetrie, Hauptsätze

1 Ordnen Sie – soweit möglich – die folgenden Einheiten mK, kWs, J/s, Nm, °C und W/m² den nachstehenden Größen zu:

Wärmemenge ....

Temperatur ....

2 Wie groß ist der lineare Ausdehnungskoeffizient eines Glases, das bei einer Temperaturerhöhung um 50 K eine relative Längenänderung $\Delta l/l$ = 0,04% erfährt?

3 Geben Sie tabellarisch die Festlegungen für folgende Fixpunkte an:

Celsius-Skala: 0 °C ....

100 °C ....

Kelvin-Skala: 273,16 K ....

4 Ordnen Sie tabellarisch die nachstehenden Eigenschaften der Materie hinsichtlich ihrer Zu- oder Abnahme mit wachsender Temperatur: Dichte, elektr. Widerstand von Metallen, el. Widerst. von wäßrigen Lösungen und el. Widerst. von Halbleitern.

5 Stellen Sie in einem geeigneten Diagramm den Widerstand(R)-Temperatur(t)-Verlauf schematisch dar, wie er sich ungefähr für ein Metall wie Kupfer im Bereich zwischen 0 °C bis 100 °C ergibt.

6 Ordnen Sie – soweit möglich – die folgenden Einheiten J/(g • K), W • s/(kg • K), W/K, W • s/K, J/K und W • K/g den nachstehenden Größen zu:

Wärmekapazität ....

spezifische Wärmekapazität ....

7 In einem Isoliergefäß befinden sich 50 g Eis und 50 g Wasser von 0 °C. Wie lange muß durch eine elektrische 50 W-Heizung Wärme zugeführt werden, um 30 g des Eises zu schmelzen? (spezif. Schmelzwärme des Eises 333 J/g)

8 500 g Wasser in einem Isoliergefäß werden mit einem 250 W-Tauchsieder geheizt. Welche Temperaturerhöhung wird ungefähr in 5 min erreicht? (spezif. Wärmekapazität von Wasser: 4,2 J/g • K)

9 Zu 100 g Wasser von 25 °C in einem Isoliergefäß (mit vernachlässigbarer apparativer Wärmekapazität) werden 50 g siedendes Wasser gegossen. Welche Temperatur nimmt die Mischung ungefähr an?

10 Auf welcher Kurve liegen (schematisch) in einem spezifischen Wärmekapazität – molare Masse – Diagramm die Werte für Materialien, die der Dulong-Petitschen Regel genügen?

1 Die Oberflächenenergiezunahme ist proportional zur Vergrößerung der Oberfläche. Das Steigungsmaß ergibt die Oberflächenspannung.

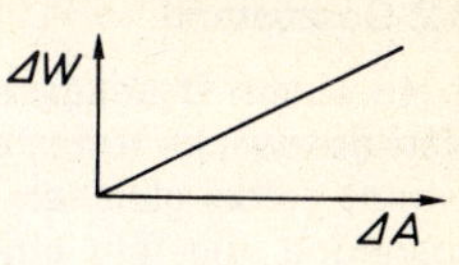

2 Gesucht sind:
$N \cdot m/m^2 = N \cdot m^{-1}$ $\quad J/m^2 \quad$ Ws/m^2

3 Weil so die Grenzfläche minimal wird und damit auch die geringste Grenzflächenenergie erreicht wird.

4 Die Kohäsion der Wassermoleküle ist größer als die Adhäsion an das (fettige) Gefieder. Deshalb dringt die Flüssigkeit nicht in die Feinstrukturen der Federn ein.

5 Es sind:
1) Innenradius r der Kapillare mit $h \sim r^{-1}$
2) Dichte ρ der Flüssigkeit mit $h \sim \rho^{-1}$
3) Oberflächenspannung γ mit $h \sim \gamma$

6 Ja, sofern die innere Wand eines engen Rohres wasserabstoßende Eigenschaften hat (Kohäsion $\gg$ Adhäsion). Beispiele findet man bei einem inneren Paraffinbelag oder Rohren aus wasserabstoßendem Kunststoff.

7 Mit den gesuchten Ergänzungen:
1) Temperaturerhöhung $\quad$ h wird geringer (wegen $\gamma(T)$)
2) Verlängerung der Kapillare, $\quad$ kein Einfluß auf h
3) Zusatz eines Waschmittels $\quad$ h wird geringer (γ-Erniedrigung).

8 Die Steighöhe h ist bei solchen Flüssigkeiten proportional zur Kapillarkonstanten γ.

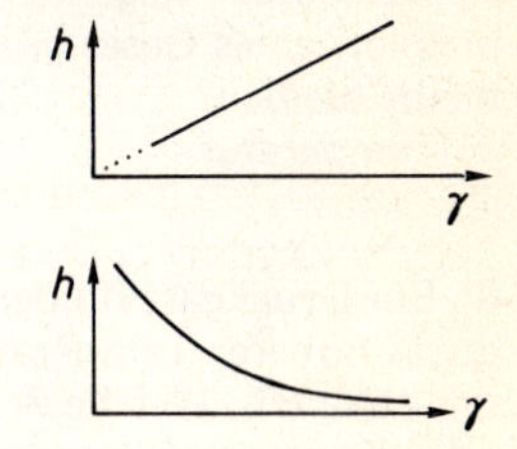

9 Aus dem Zusammenhang für die Steighöhe $h = 2\,\gamma/r\rho g$ ist zu entnehmen $h \sim r^{-1}$:

10 Der Zusatz verringert die Haltekraft am Ende des Tropfrohres. Deshalb werden die Tropfen jeweils einzeln kleiner, weil sie früher abreißen. Bei vorgegebener Flüssigkeitsmenge erhält man dann eine größere Anzahl.

3.2 Gaszustand

1 In einem Druckgaszylinder (Inhalt 20 l) befindet sich ein Gas für Narkosezwecke unter einem Druck von 120 bar. Welches Volumen nimmt es bei gleicher Temperatur und Atmosphärendruck nach Entspannung ungefähr ein?

2 Ein Gas (Volumen 30 l, Temperatur 27 °C) wird isobar erwärmt auf eine Temperatur von 52 °C. Welches Volumen nimmt es dann ein?

3 Fügen Sie zu den angegebenen Bezeichnungen von Prozessen jeweils noch eine Angabe über die Bedingung, die dabei gilt.

Prozeß:	isotherm	adiabatisch	isochor
Bedingung:	....	....	....

4 Stellen Sie in einem Druck(p)-Volumen(V)-Diagramm schematisch folgenden Prozesse dar:
1) isotherm 2) isochor 3) isobar.

5 Ein Druckgaszylinder weist nach Lagerung in einem ungeheizten Raum einen Fülldruck von 50 bar bei 17 °C auf. Welcher Druck stellt sich nach Erwärmung auf eine Temperatur von 22 °C ein?

6 Im Normzustand gilt für ein Gas folgendes (jeweils ergänzen):

Temperatur	Druck	molares Volumen
....	....	....

7 Welche der folgenden Größen wird/werden bei adiabatischer Kompression eines Gases größer oder kleiner, sofern sie nicht unverändert bleibt/bleiben?

Temperatur	Druck	Volumen
....	....	....

8 Ein Druckgaszylinder mit Preßluftfüllung wird in eine Umgebung etwas höherer Temperatur gebracht. Dabei steigt langsam der Druck um etwa 8%. Welche Aussagen kann man dazu über Veränderung oder Konstanz folgender Größen machen?

Stickstoffpartialdruck	Stoffmenge des Stickstoffs
....	....

9 Wie groß ist ungefähr der Partialdruck des Sauerstoffs in Luft unter Normbedingungen?

10 Ergänzen Sie die folgende Tabelle gemäß der Van der Waalsschen Gleichung (für 1 mol) und zugrundeliegender Sachverhalte:

	Volumen	Druck
korrigierter Ausdruck	....	....
Grund für Korrektur	....	....

1 Zuordnung: Wärmemenge kWs, Nm
Temperatur mK, °C

Zwei der Einheitenkombinationen sind nur mit anderen Größen verwendbar.

2 Für die lineare thermische Ausdehnung gilt:

$l = l_0 + \Delta l = l_0 + \alpha l_0 \Delta t$ und $\alpha = \frac{\Delta l}{l} \cdot \frac{1}{\Delta t}$ womit man erhält:

$$\alpha = 0{,}04 \cdot 10^{-2} \cdot \frac{1}{50} = \frac{4 \cdot 10^{-4}}{50} = 0{,}8 \cdot 10^{-5} = 8 \cdot 10^{-6}\ \mathrm{K}^{-1}$$

3 0 °C Gefrierpunkt des Wassers bei Normdruck
100 °C Siedepunkt des Wassers bei Normdruck
273,16 K Tripelpunkt des Wassers

4 Mit wachsender Temperatur zunehmend: el. Widerstand von Metallen; mit wachsender Temperatur abnehmend: Dichte, el. Widerstand von Halbleitern und el. Widerstand von wäßrigen Lösungen.

5 In dem angegebenen Temperaturbereich nimmt der elektrische Widerstand solcher Metalle ungefähr linear mit der Temperatur zu:

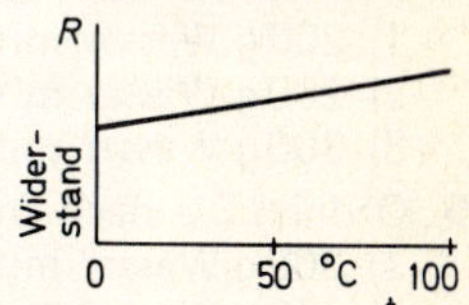

6 Folgende Zuordnungen sind richtig
Wärmekapazität W·s/K, J/K
spezifische Wärmekapazität J/g·K, W·s/kg·K

7 Die zum Schmelzen von 30 g Eis erforderliche Wärmemenge: $Q = 30\,\mathrm{g} \cdot 333\,\mathrm{Ws/g} = 10^4\,\mathrm{Ws}$. Bei einer Heizleistung $P = 50\,\mathrm{W}$ ist dafür erforderlich die Zeit $t = Q\,/\,P = 10^4\,\mathrm{Ws}\,/\,50\,\mathrm{W} = 200\,\mathrm{s}$

8 In einer Zeit von 5 min = 300 s wird folgende Wärmeenergie zugeführt: $Q = P \cdot t = 250\,\mathrm{W} \cdot 300\,\mathrm{s} = 7{,}5 \cdot 10^4\,\mathrm{Ws}$. Die Temperaturerhöhung:

$$\Delta T = \frac{Q}{m \cdot c} = \frac{250\,\mathrm{W} \cdot 300\,\mathrm{s}}{500\,\mathrm{g} \cdot 4{,}2\,\mathrm{J/g \cdot K}} = \frac{300}{8{,}4} \frac{\mathrm{Ws\,g\,K}}{\mathrm{Ws\,g}} \approx 3{,}5\,\mathrm{K}$$

9 Unter den gegebenen Bedingungen sind abgegebene und aufgenommene Wärmemenge gleich groß und es gilt:

$m_k \cdot c_w\,(t_m - 25\,°\mathrm{C}) = m_h \cdot c_w\,(100\,°\mathrm{C} - t_m)$

$m_k \cdot t_m - m_k \cdot 25\,°\mathrm{C} = m_h \cdot 100\,°\mathrm{C} - m_h \cdot t_m$, woraus folgt:

$$t_m = \frac{m_k \cdot 25\,°\mathrm{C} + m_h \cdot 100\,°\mathrm{C}}{m_k + m_h} = \frac{2500 + 5000}{100 + 50}\,°\mathrm{C} = \frac{7500}{150}\,°\mathrm{C} = 50\,°\mathrm{C}$$

10 Für Stoffe, die der Dulong-Petitschen Regel genügen, ist das Produkt der angegebenen Größen einheitlich etwa 25 J/mol·K; man erhält also eine Hyperbel:

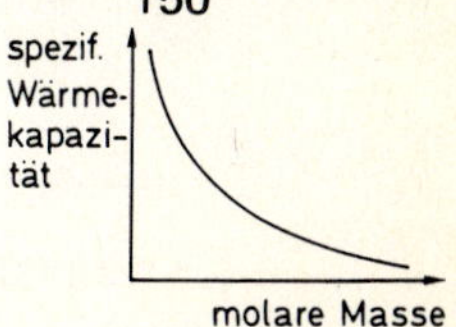

3.3 Aggregatzustände, Stoffgemische

1 Tritt eine Gefrierpunktserniedrigung nur bei verdünnten oder auch bei konzentrierten Lösungen auf?

2 Ordnen Sie – soweit möglich – die folgenden Einheiten: kJ/mol, Ws/g, J/(g·K), Ws/(g·K), kWs/mol, kW/(g·K) den nachstehenden Größen zu

Spezifische Umwandlungswärme ....

Molare Umwandlungswärme ....

3 Drei wäßrige Lösungen von je 150 ml enthalten:
1) 2 g Methanol (CH_3OH) 2) 2 g Ethanol (C_2H_5OH)
3) 2 g Propanol (C_3H_7OH)

Geben Sie die Reihenfolge der Gefriertemperaturen an.

4 Ordnen Sie nach sinkender Gefriertemperatur T_g die Lösungen:
1) 200 g Wasser mit 1 g Rohrzucker
2) 200 g Wasser mit 2 g NaCl
3) 300 g Wasser mit 1 g NaCl

5 Ordnen Sie nach steigenden Siedetemperaturen T_s die Lösungen:
1) 300 g Wasser mit 0,1 mol Rohrzucker
2) 400 g Wasser mit 0,1 mol Rohrzucker
3) 400 g Wasser mit 0,2 mol NaCl

6 In einem Zylinder mit verschiebbarem Kolben befindet sich eine Flüssigkeit und darüber der entsprechende Dampf unter Sättigungsdruck. Skizzieren Sie in einem p_s-V-Diagramm, wie sich p_s ändert, wenn das Volumen durch Hereinschieben des Kolbens langsam verringert wird.

7 Stellen Sie schematisch in einem p_s-T-Diagramm den Sättigungsdampfdruck von Wasser zwischen Gefrier- und Siedetemperatur dar, die mit T_g und T_s bezeichnet werden können.

8 Wie groß ist ungefähr der Sättigungsdampfdruck von Wasser bei 100 °C? (Zur Beantwortung benötigt man keine Tabelle)

9 Was versteht man unter ‚absoluter Luftfeuchtigkeit'?

10 Was bedeutet der Begriff ‚relative Luftfeuchtigkeit'?

1 Nach dem Boyle-Mariotteschen Gesetz gilt $p_1 \cdot V_1$ = const = $p_2 \cdot V_2$. Mit dem Atmosphärendruck $p_2 \approx 1$ bar erhält man:

$$V_2 = \frac{p_1}{p_2} V_1 = \frac{120\,\text{bar}}{1\,\text{bar}} \cdot 20\,\text{l} = 2400\,\text{l} = 2{,}4\,\text{m}^3$$

2 Aus dem allgemeinen Gasgesetz $p_1 \cdot V_1/T_1 = p_2 \cdot V_2/T_2$ folgt:

wegen $p_1 = p_2$ nun $V_2 = V_1 \frac{T_2}{T_1} = 30\,\text{l}\,\frac{325\,\text{K}}{300\,\text{K}} = 32{,}5\,\text{l}$

3 Prozeß:	isotherm	adiabatisch	isochor
Bedingung:	Temperatur konst.	kein Wärme-austausch	Volumen konstant

4 Die schematischen Verläufe im *p*-*V*-Diagramm ergeben sich für
1) isotherm,
2) isochor und
3) isobar:

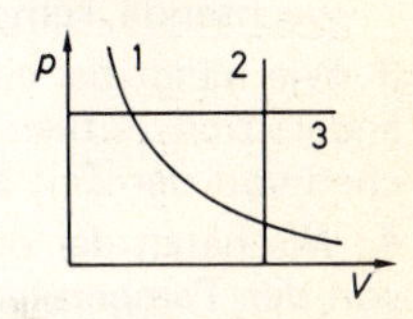

5 Aus $\frac{p_1 \cdot V_1}{T_1} = \frac{p_2 \cdot V_2}{T_2}$ folgt wegen $V_1 = V_2$ $p_2 = p_1 \frac{T_2}{T_1}$.

Mit den angegebenen Daten: $p_2 = 58\,\text{bar} \cdot \frac{295\,\text{K}}{290\,\text{K}} = \frac{295}{5}\,\text{bar} = 59\,\text{bar}$

6 Normzustand:

Temperatur	Druck	molares Volumen
2,73,2 K = 0 °C	1013 mbar	22,4 l

7 Bei adiabatischer Kompression:

Temperatur	Druck	Volumen
steigt	wächst	wird geringer

8 Bei der angegebenen Temperaturerhöhung der Preßluftfüllung gilt:

Stickstoffpartialdruck	Stoffmenge des Stickstoffs
wächst um 8% (wie der Gesamtdruck)	konstant

9 Bei einem Volumengehalt des Sauerstoffs von 21% und einem (Norm-)Gesamtdruck von 1013 mbar ergibt sich ein Sauerstoffpartialdruck $p = \frac{21}{100} \cdot 1013\,\text{mbar} \approx 212\,\text{mbar}$

10 Wird der Zusammenhang von Druck, Volumen und Temperatur eines realen Gases mit Hilfe der Van der Waalsschen Gleichung dargestellt, so gilt:

	Volumen:	Druck:
korrigierter Ausdruck:	$(V - b)$	$(p + \frac{a}{V^2})$
Grund für Korrektur:	Eigenvolumen	Wechselwirkungskräfte

3.4 Diffusion, Osmose, Wärmeübertragung

1 Welcher funktionale Zusammenhang besteht bei der Diffusion zwischen der Teilchenstromdichte j sowie dem Konzentrationsgradienten dc/dx einerseits und der Diffusionskonstanten D andererseits?

2 Nimmt die Teilchenstromdichte von Diffusionsvorgängen bei gegebenem gleichem Konzentrationsgefälle zu oder ab für:

Teilchen mit geringerer relativer Molekülmasse ....

wachsende Temperatur ....

3 Wie hängt bei einem stationären Diffusionsvorgang (d.h. dc/dx ändert sich zeitlich nicht) die Stoffmenge der transportierten Teilchen von der Zeit ab (Proportionalität?, Potenzgesetz?)?

4 Wie hängt der osmotische Druck p_{osm} eines gegebenen Systems von der Temperatur ab?

5 Tritt Osmose nur in Verbindung mit elektrolytischer Dissoziation in Erscheinung?

6 Ein Stoff löst sich undissoziiert in gleicher Konzentration in zwei Lösungsmitteln, deren molare Masse sich um 10% unterscheidet. In welchem Verhältnis stehen (bei gleicher Temperatur) die Werte des osmotischen Drucks in beiden Lösungen?

7 Geben Sie drei Mechanismen an, die zum Wärmetransport beitragen können?

....

8 Ordnen Sie – soweit möglich – folgende Einheiten: W/m^2, $cal/(s \cdot cm)$, W, $W/(K \cdot m)$, K/m, Ws/m^2, $J/(s \cdot m^2)$, J/s, $J/(s \cdot K \cdot m)$ nachstehenden Größen zu: Wärmestrom ....

Wärmeleitfähigkeit ....

9 Ordnen Sie den nachstehenden Bedingungen je einen Mechanismus der Wärmeübertragung zu:

ohne Anwesenheit von Materie möglich ....

in nichtbewegter Materie möglich ....

mit Materietransport verknüpft ....

10 Um welchen Faktor erhöht sich die Wärmestrahlung (Gesamtstrahlung) eines Körpers im Vakuum, wenn seine absolute Temperatur verdoppelt wird?

1 Ja, alle Lösungen zeigen die Erscheinung, jedoch muß ggf. bei der Ausnutzung zur Konzentrationsbestimmung die konzentrationsabhängige Dissoziation beachtet werden.

2 Von den angegebenen Einheitenkombinationen sind nur folgende Zuordnungen möglich:

Spezifische Umwandlungswärme	Ws/g
molare Umwandlungswärme	kJ/mol, kWs/mol

3 Die Substanz mit der kleinsten molaren Masse hat bei gleich großer Einwaage die meisten gelösten Teilchen zur Folge und damit nach dem Raoultschen Gesetz die tiefste Gefriertemperatur. Also gilt:

$T_{g,1} < T_{g,2} < T_{g,3}$

4 Mit Rücksicht auf die Dissoziation beim NaCl erhält man mit der Folge steigender Teilchenkonzentration in der jeweiligen Lösung:

$T_{g,2} < T_{g,3} < T_{g,1}$

5 Unter Beachtung der Dissoziation des NaCl und der damit abschätzbaren Reihenfolge der Konzentrationen in Lösung befindlicher Teilchen erhält man:

$T_{s,2} < T_{s,1} < T_{s,3}$

6 Wegen der Unabhängigkeit des Sättigungsdrucks vom Volumen (solange beide Phasen nebeneinander vorliegen) gilt hier:

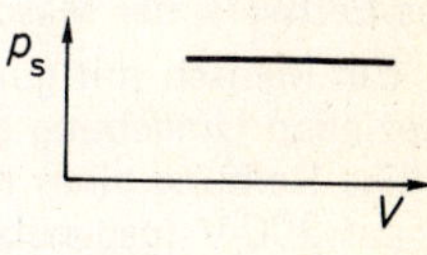

7 Das Dampfdruckdiagramm (z.B. mit logarithmischer Ordinatenskala) sieht schematisch wie hier dargestellt aus.

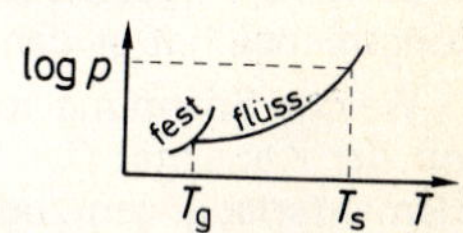

8 Bei 100 °C entspricht der Sättigungsdampfdruck gerade dem Außendruck, also etwa 1 bar; beim Normdruck wäre er gerade 1013 mbar.

9 Es ist die Massenkonzentration (Dichte m/V) des Wasserdampfes in der Luft (Angaben in g/m^3.

10 Es handelt sich um das Verhältnis des tatsächlichen (Partial-) Drucks des Wasserdampfes zum Sättigungsdampfdruck, entsprechend der vorliegenden Temperatur.

4 Elektrizität und Magnetismus

4.1 Feld, Ladung, Kondensator

1 Skizzieren Sie in einem F-r-Diagramm den Verlauf der Kraft F zwischen zwei gegebenen Ladungen wenn deren Abstand r sich ändert.

2 Damit Autos sich nicht statisch aufladen wird zuweilen ein Band angebracht, das unter dem Wagen schleift. Ist für den genannten Zweck jeder beliebige Gummistreifen geeignet?

3 Skizzieren Sie in einem C-U-Diagramm, wie bei einem Plattenkondensator (im Vakuum) die Kapazität C von der angelegten Spannung U abhängt.

4 Zwei Menschen, die Gummistiefel tragen, haben jeweils eine Kapazität gegenüber den elektrisch leitenden Bereichen der Umgebung. Liegt eine Reihen- oder eine Parallelschaltung vor, wenn sie einander die Hand geben?

5 Erfahren die Passagiere eines modernen Großflugzeuges einen elektrischen Schlag, wenn atmosphärische (elektrische) Entladung das Leitwerk der Maschine trifft? (Antwort mit Begründung)

6 Ein Mensch mit gummibesohlten Schuhen hat gegenüber seiner speziellen Umgebung gerade eine Kapazität von 200 pF. Durch zufällige Reibung eines Kleidungsstückes an einem Kunststoffteil wird er auf 200 V (gegenüber dem Fußboden) aufgeladen. Welche Ladungsmenge hat er dann gespeichert?

7 Welche Spannung tritt an einem zuvor ungeladenen Kondensator mit der Kapazität C = 1 pF auf, wenn ihm eine Ladung Q von 10^8 Elementarladungen zugeführt wird?

8 In einem Röntgen-Blitzgerät (für Untersuchungen an bewegten Objekten) wird für jeden Blitz ein Kondensator mit der Kapazität C = 0,05 μF mit einer Spannung U = 40 kV aufgeladen. Wie groß ist in diesem Fall die gespeicherte Energie?

9 Wie groß ist die elektrische Feldstärke E in einem Folienkondensator („Plattenfläche" A = 10 m^2, Abstand der Leiter s = 0,2 mm, Dielektrizitätszahl der Folie ϵ = 2,5) wenn er auf eine Spannung U = 10 V geladen ist?

10 Welche Gesamtkapazität C weist eine Serienschaltung dreier Kondensatoren mit C_1 = 3 μF, C_2 = 6 μF und C_3 = 6 μF auf?

1 Zwischen den angegebenen Größen bestehen die Relationen:
$j \sim dc/dx$ und
$j \sim D$

2 Hier gilt im Zusammenhang mit der Brownschen Bewegung:
Teilchen mit geringerer relativer Molekülmasse j nimmt zu
wachsende Temperatur j nimmt zu

3 Bei einem stationären Diffusionsvorgang ist die Teilchenstromdichte konstant. Die transportierte Stoffmenge ist daher proportional zur Dauer des Vorganges.

4 Nach dem Van t'Hoffschen Gesetz ist der osmotische Druck p_{osm} proportional zur absoluten Temperatur T, d.h. $p_{osm} \sim T$.

5 Nein, es kommt lediglich darauf an, daß zu beiden Seiten einer semipermeablen Membran eine Konzentrationsdifferenz gelöster Teilchen besteht, wobei es sich durchaus um eine undissoziierte Substanz handeln kann.

6 Der osmotische Druck ist gleich groß, da es nur auf die Konzentration der osmotisch wirksamen gelösten Substanz ankommt, nicht jedoch auf das Lösungsmittel.

7 Als Mechanismen, die zum Wärmetransport beitragen, sind hier anzugeben:
Wärmeleitung Konvektion Wärmestrahlung

8 Von den aufgeführten Einheitenkombinationen lassen sich lediglich zuordnen:

Wärmestrom	W, J/s
Wärmeleitfähigkeit	J/(s·K·m)

9 Die hier gesuchte Zuordnung ist folgende:

ohne Anwesenheit von Materie möglich	Wärmestrahlung
in nichtbewegter Materie möglich	Wärmeleitung
mit Materietransport verknüpft	Konvektion

10 Entsprechend dem Stefan-Boltzmannschen Gesetz nimmt die Gesamtstrahlung mit T^4 zu. Der gesuchte Faktor für die bei Temperaturerhöhung auf das Doppelte vergrößerte Gesamtstrahlung ist demnach 16.

4.2 Widerstand, Ohmsches Gesetz, Kirchhoffsche Regeln

1 Beim Anschluß an eine Spannung von 220 V fließt in einem Heizgerät eine Stromstärke von 0,2 A. Wie groß sind Widerstand und Leitwert?

2 Eine Batterie hat eine Leerlaufspannung (EMK) U_{le} = 6,2 V. Ihr Innenwiderstand R_i beträgt 0,4 Ω. Welche Klemmenspannung U_{kl} erhält man, wenn eine Stromstärke I = 1,5 A fließt?

3 Mit welcher Stromstärke I wird in dieser Schaltung die Quelle belastet?

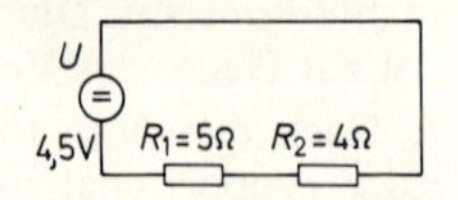

4 Wie groß ist der Spannungsabfall am Widerstand R_2 in der Schaltung von Aufg. 3?

5 Welchen Gesamtwiderstand R hat die dargestellte Anordnung dreier Widerstände und wie groß ist der sich ergebende Gesamtleitwert G?

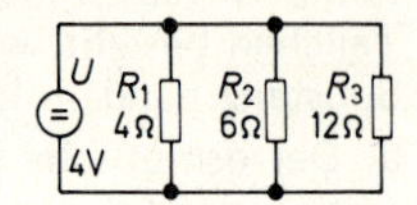

6 Welche Stromstärke I belastet die Quelle in der Anordnung von Aufg. 5?

7 Welchen Wert muß der Widerstand R_x haben, damit die Diagonale in der nebenstehenden Brückenschaltung stromlos wird?

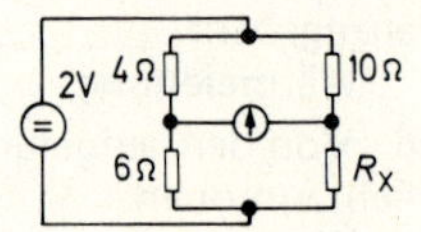

8 Ein Meßwerk mit einem Widerstand R_i = 100 Ω und Vollausschlag bei 100 μA ist vorhanden. Es soll so mit einem zusätzlichen Widerstand versehen werden, daß ein Spannungsmeßbereich von genau 20 V bei Vollausschlag erreicht wird. Welche Schaltung muß man wählen und wie groß ist R vorzusehen?

9 Welche Beträge der Gesamt-Leerlaufspannung lassen sich erzielen, wenn man drei elektrochemische Quellen mit den Klemmenspannungen 1,5 V, 3,0 V und 6 V in allen möglichen Kombinationen zusammenschaltet?

10 In einer Mikroskopierbeleuchtung befindet sich eine Niedervoltbirne (Aufschrift: 6 V, 15 W). Mißt man die Stromstärke I für verschiedene einstellbare Spannungen U, so findet man: folgende Meßwerte: 4 V, 1,9 A; 5 V, 2,1 A; 6 V, 2,4 A. Prüfen Sie mit Hilfe einer U-I-Charakteristik, ob hier das Ohmsche Gesetz gilt.

1 Wegen des Zusammenhanges
$F \sim 1/r^2$
(vgl. auch Coulombsches Gesetz)
erhält man:

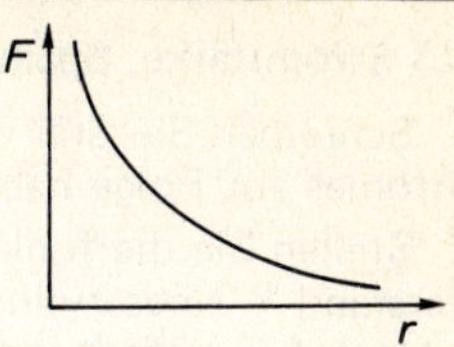

2 Nein, das Material muß soweit elektrisch leitend sein, daß ein Ladungsausgleich zwischen Fahrzeug und Boden eintreten kann.

3 Die Kapazität ist in diesem Fall konstant, da sie hier nicht von der Ladespannung abhängt. Grafisch folgt daraus:

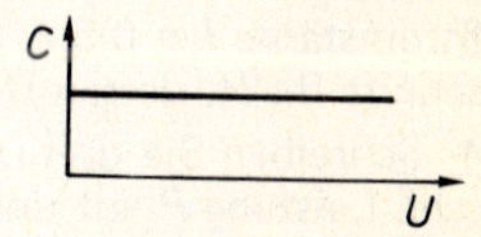

4 Die Umgebung (Erde) bildet einen elektrisch leitenden Bereich (Elektrode). Die beiden über die Hände verbundenen Körper (Leiter) addieren sich in ihrer Kapazität gegenüber der Umgebung, es liegt also eine Parallelschaltung vor.

5 Nein, weil die metallische und daher elektrisch leitende Zelle als Faraday-Käfig wirkt und so das Entstehen elektrischer Felder im Inneren bei den genannten äußeren Effekten verhindert.

6 Für die gespeicherte Ladungsmenge Q auf der bis $U = 200$ V aufgeladenen Kapazität C gilt:

$$Q = C \cdot U = 2 \cdot 10^{-10}\,\frac{\text{As}}{\text{V}} \cdot 200\ \text{V} = 4 \cdot 10^{-8}\ \text{As} = 4 \cdot 10^{-8}\ \text{Coulomb}$$

7 Mit der Elementarladung $e = 1{,}6 \cdot 10^{-19}$ As tritt an dem Kondensator folgende Spannung U auf:
$$U = Q/C = 10^8 \cdot 1{,}6 \cdot 10^{-19}\ \text{As}/(10^{-12}\ \text{As/V}) = 1{,}6 \cdot 10\ \text{V} = 16\ \text{V}$$

8 $$W = \frac{1}{2}\,C\,U^2 = 0{,}5 \cdot 5 \cdot 10^{-8}\,\frac{\text{As}}{\text{V}}\,(4 \cdot 10^4\ \text{V})^2$$
$$= 2{,}5 \cdot 10^{-8}\,\frac{\text{As}}{\text{V}} \cdot 16 \cdot 10^8\ \text{V}^2$$
$$= 40\ \text{VAs} = 40\ \text{Ws}\ (= 40\ \text{Joule})$$

9 Die elektrische Feldstärke hängt hier nur von der Gesamtspannung U und dem Abstand s zwischen den Leiterflächen ab. Demnach gilt:
$$E = U/s = 10\ \text{V}/0{,}2\ \text{mm}$$
$$= 50\ \text{V/mm}\ (= 50\ \text{kV/m})$$

10 Die hier geltende Beziehung für eine Reihenschaltung von Kondensatoren ergibt:
$$\frac{1}{C} = \frac{1}{3\,\mu\text{F}} + \frac{1}{6\,\mu\text{F}} + \frac{1}{6\,\mu\text{F}} = \frac{2+1+1}{6\,\mu\text{F}}$$ woraus dann folgt:
$$C = \frac{6}{4}\,\mu\text{F} = 1{,}5\,\mu\text{F}$$

4.3 Stromstärke, Spannung, Leistung, Energie

1 Schreiben Sie drei Wirkungen auf, die ein Fließen elektrischen Stromes zur Folge haben kann.

2 Stellen Sie die funktionalen Zusammenhänge zwischen dem Widerstand R eines zylindrischen Drahtes mit den Parametern: Querschnitt A, Länge l und elektrischer Leitfähigkeit σ jeweils einzeln dar.

3 Wie groß ist ungefähr die Stromdichte j (in A/mm^2), wenn eine Stromstärke $I = 0{,}5$ A durch einen Draht mit kreisförmigem Querschnitt fließt, dessen Durchmesser 2 mm beträgt.

4 Schreiben Sie drei Darstellungen (Gleichungen) für die elektrische Leistung P auf und zwar als Funktion der jeweils angegebenen Parameter: $P = f(U,I)$, $P = f(U,R)$ und $P = f(I,R)$.

5 Stellen Sie den Leitwert G eines zylindrischen Drahtes mit Hilfe der folgenden Größen dar: Länge l, Querschnittsfläche A und Leitfähigkeit σ.

6 Skizzieren Sie in einem Leistung-Spannung-Diagramm (Skalen: U: 0, 1, 2, 3, 4 V und P: 0, 5, 10, 15, 20 W) die in einem Ohmschen Widerstand von 1 Ω umgesetzte Leistung und den entsprechenden (qualitativen) Zusammenhang für eine Glühbirne, für die als einziger Meßwert $P = 1$ W bei $U = 1$ V bekannt ist.

7 Schreiben Sie drei Darstellungen (Gleichungen) für die Energie W, die in einem Draht bei konstanter Leistung in der Zeit t in Wärme umgesetzt wird. Als weitere Parameter sollen Spannung U, Stromstärke I und Leitwert G in den angegebenen funktionalen Zusammenhängen vorkommen: $W = f(U,I,t)$, $W = f(G,U,t)$ und $W = f(I,G,t)$.

8 Ein Heizlüfter und eine Glühlampe werden an die normale elektrische Haushalt-Energieversorgung angeschlossen. Dabei setzt ersterer eine größere elektrische Leistung in Wärme um als die Glühlampe. Welches der Geräte weist den größeren Widerstand auf?

9 Ein Haushalt bezieht elektrische Energie zum Preis von 10 DPf für 1 kWh. Was kostet bei diesem Tarif ein fünfstündiger Betrieb einer 60 W-Arbeitslampe?

10 Für eine Notbeleuchtung stehen zwei Autoakkus zur Verfügung. Sie tragen beide die Beschriftung 12 Volt, 75 Ah (Amperestunden, für die Speicherkapazität). Wie lange kann die maximal gespeicherte elektrische Energie W zum Betrieb von Lampen mit einer Gesamtleistung $P = 300$ W benutzt werden?

1 Widerstand $R = 220\ \mathrm{V}/0{,}2\ \mathrm{A} = 1100\ \mathrm{V/A} = 1100\ \Omega = 1{,}1\ \mathrm{k\Omega}$
Leitwert $G = 0{,}2\ \mathrm{A}/220\ \mathrm{V} = (1/1100)\ \mathrm{A/V} = 0{,}000\ 909\ \mathrm{S}$
$= 0{,}91\ \mathrm{mS}$ (Millisiemens)

2 Es gilt hier $U_{kl} = U_{le} - I \cdot R_1 = 6{,}2\ \mathrm{V} - 1{,}5\ \mathrm{A} \cdot 0{,}4\ \Omega$
$= (6{,}2 - 0{,}6)\ \mathrm{V} = 5{,}6\ \mathrm{V}$

3 Gesamtwiderstand $R = R_1 + R_2 = 5\ \Omega + 4\ \Omega = 9\ \Omega$, daraus die Stromstärke $I = U/R = 4{,}5\ \mathrm{V} / 9\ \Omega = 0{,}5\ \mathrm{A}$

4 Aus den Beziehungen für den Spannungsteiler ergibt sich hier

$$U_2 = \frac{R_2}{R_1 + R_2} U = \frac{4\ \Omega}{4\ \Omega + 5\ \Omega} \cdot 4{,}5\ \mathrm{V} = 2\ \mathrm{V}$$

5 Hier gilt: $G = + G_1 + G_2 + G_3$, $\dfrac{1}{R} = \dfrac{1}{R_1} + \dfrac{1}{R_2} + \dfrac{1}{R_3}$

$$= \frac{1}{4\ \Omega} + \frac{1}{6\ \Omega} + \frac{1}{12\ \Omega} = \frac{6}{12\ \Omega} = \frac{1}{2\ \Omega} = 0{,}5\ \mathrm{S}\ \text{(Siemens)}$$

6 Hier gilt: $I = U / R = U \cdot G = 4\ \mathrm{V} \cdot 0{,}5\ \mathrm{A/V} = 2\ \mathrm{A}$

7 In der dargestellten Schaltung gilt:

$$\frac{R_x}{10\ \Omega} = \frac{6\ \Omega}{4\ \Omega}$$ wenn die Abgleichbedingung erfüllt ist.

$$R_x = \frac{6}{4} \cdot 10\ \Omega = 15\ \Omega$$

8 Hier ist eine Reihenschaltung des Meßwerks mit einem Vorwiderstand erforderlich. Insgesamt benötigt man:
$R = U / I = 20\ \mathrm{V} / 10^{-4}\ \mathrm{A} = 2 \cdot 10^{+5}\ \Omega$
Dieser Wert muß als Summe von R_i und R_v erreicht werden. Daraus folgt $R_v = R - R_i = (200\ 000 - 100)\ \Omega = 199\ 900\ \Omega$

9 Unter Beachtung der möglichen Kombinationen der Polarität sind möglich:
$(6 - 3 - 1{,}5)\ \mathrm{V} = 1{,}5\ \mathrm{V}$,
$(6 - 3 + 1{,}5)\ \mathrm{V} = 4{,}5\ \mathrm{V}$,
$(6 + 3 - 1{,}5)\ \mathrm{V} = 7{,}5\ \mathrm{V}$ und
$(6 + 3 + 1{,}5)\ \mathrm{V} = 10{,}5\ \mathrm{V}$

10 Aus einer grafischen Darstellung des U-I-Zusammenhanges für das Meßobjekt (Glühbirne) ergibt sich, daß hier eine Proportionalität zwischen diesen Größen nicht gilt und somit auch nicht das Ohmsche Gesetz.

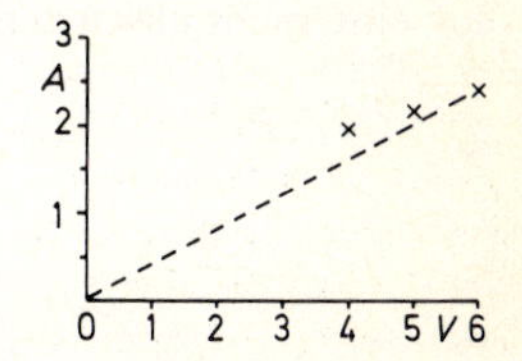

4.4 Ladungstransport in festen und flüssigen Stoffen

1 Stellen Sie in einer Tabelle zusammen, wie bei Metallen, Halbleitern und wäßrigen Elektrolyten die Resistivität (spezifischer Widerstand) und die elektrische Leitfähigkeit mit steigender Temperatur zu- oder abnehmen.

2 In einem Metalldraht wird die Ladungsmenge 1 C transportiert. Wieviele Elementarladungen e sind hierzu äquivalent (e sollte aus dem Gedächtnis verfügbar sein)?

3 Wie kann man die Resistivität ρ (spezif. Widerstand) eines zylindrischen Drahtes aus gemessenen Werten für die Länge l, den Durchmesser d und den Widerstand R bestimmen?

4 Skizzieren Sie in einem Spannung-Stromstärke-Koordinatensystem die U-I-Charakteristik eines ohmschen Widerstandes sowie jene einer Halbleiter-Diode.

5 Skizzieren Sie qualitativ den Zusammenhang zwischen dem elektrischen Widerstand eines Photoleiters und der einfallenden Lichtintensität.

6 Wie groß ist ungefähr der Leitwert G einer 1 m langen Säule einer Flüssigkeit (Leitfähigkeit $\sigma = 0{,}01\ \Omega^{-1}\ \text{cm}^{-1}$) in einem zylindrischen Rohr mit dem Radius $r = 1\ \text{cm}$?

7 Welche zwei Effekte tragen wesentlich zur Temperaturabhängigkeit der Leitfähigkeit wäßriger Elektrolyte bei? Geben Sie außerdem an, ob für diese Beiträge jeweils ein positiver oder negativer Temperaturkoeffizient auftritt.

8 Ist reines Wasser (z.B. gewonnen durch mehrfache Destillation) ein Isolator? Begründen Sie die Antwort.

9 Welcher Zusammenhang gilt zwischen Elementarladung e, Avogadrokonstante N_A und Faradaykonstante F?

10 Tritt elektrolytische Dissoziation in wäßrigen Lösungen und damit Bereitstellung von Ladungsträgern auch ohne von außen angelegtes elektrisches Feld auf? Kann man sich bei der Begründung auf eine nicht-elektrische Beobachtung stützen?

1 Diese Wirkungen des elektrischen Stromes sind: Wärmewirkung, chemische Wirkung, Entstehung von Magnetfeldern.

2 Diese Zusammenhänge sind:
$$R \sim 1/A$$
$$R \sim l$$
$$R \sim 1/\sigma$$

3 Mit der Definitionsgleichung für die Stromdichte und den angegebenen Daten: $j = I/A = I/(d^2 \pi/4) = 0{,}5\ \text{A} / (4\ \text{mm}^2 \pi/4)$
$$= \frac{0{,}5}{\pi} \frac{\text{A}}{\text{mm}^2} \approx 0{,}16\ \text{A/mm}^2$$

4 Für die Leistung gilt: $P = U \cdot I = \frac{U^2}{R} = I^2 \cdot R$

5 Es gilt $G = \sigma \frac{A}{l}$

Das kann man auch aus dem Kehrwert der Beziehung $R = \rho \frac{l}{A}$ ermitteln.

6 Für den ohmschen Widerstand gilt $P = U^2 / R$. Bei der Glühlampe nimmt der Widerstand mit steigender Spannung (und Temperatur) zu; die Leistung wächst schwächer.

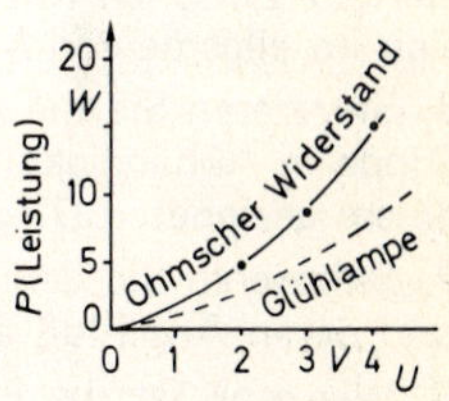

7 Für die elektrische Energie, die bei konstanter Leistung umgesetzt wird, sind hier folgende Ausdrücke zu finden gewesen:
$$W = U\,I\,t = G\,U^2\,t = \frac{I^2}{G}\,t$$

8 Beide Geräte werden an die gleiche Spannung angeschlossen! Für eine größere Leistung muß der Heizlüfter auch eine größere Stromstärke entnehmen. Daher ist sein Widerstand geringer als jener der Glühlampe.

9 Für die entnommene elektrische Energie (Arbeit) gilt:
$W = 60\ \text{W} \cdot 5\ \text{h} = 300\ \text{Wh}$. Daraus erhält man die

Kosten: $300\ \text{Wh}\ \frac{10\ \text{DPf}}{1\ \text{kWh}} = 3\ \text{DPf}$

10 Für das beschriebene System erhält man:
max. gespeicherte Energie $W = 2 \cdot 12\ \text{V} \cdot 75\ \text{Ah} = 1800\ \text{VAh}$
$= 1{,}8\ \text{kWh}$
max. Betriebsdauer $t = W/P = 1800\ \text{Wh} / 300\ \text{W} = 6\ \text{h}$

4.5 Ladungstransport in Gasen und im Vakuum

1 Wie sieht die Kennlinie einer Ionisationskammer in einem Spannung-Stromstärke-Diagramm aus und in welchem Bereich muß die Betriebsspannung für Messungen an ionisierender Strahlung gewählt werden?

2 Welche Rolle spielen Primär- und Stoßionisation bei einem Geiger-Müller-Zählrohr?

3 Skizzieren Sie für den (äußeren) Photoeffekt den Zusammenhang zwischen Frequenz ν des einfallenden Lichtes und der maximalen kinetischen Energie W_{kin} der austretenden Elektronen in einem kleinen Diagramm.

4 Schreiben Sie drei (oder mehr) Anordnungen auf, bei denen die thermische Elektronenemission für den Betrieb benötigt wird.

5 Wie kann man bei thermischer Elektronenemission die Stromstärke I zwischen Kathode und Anode beeinflussen und wie läßt sich im allgemeinen I vergrößern?

6 Skizzieren Sie die Anodenstromstärke I durch eine Vakuum-Diode in Abhängigkeit von der außen angelegten Spannung U in einem geeigneten Diagramm.

7 Skizzieren Sie den Aufbau einer (Glühkathoden-)Röntgenröhre und deren Anschluß an die elektrischen Versorgungsquellen.

8 Wie groß ist die Endenergie W, die ein Elektron (Ladung e, Masse m) nach thermischer Emission und nachfolgender Beschleunigung erreicht, wenn dafür eine Spannung U zwischen Anode und Kathode einer Vakuumröhre angelegt ist? Rechnen Sie auch die Endgeschwindigkeit v_E in Abhängigkeit von U aus.

9 Wieviele Elektronen treffen in einer Hochvakuum-Elektronenröhre je Sekunde auf die Anode, wenn eine Stromstärke $I = 8$ mA gemessen wird?

10 Zeigen Elektronenröhren (z.B. Hochvakuum-Viode, Röntgenröhre usw.) eine Gleichrichterwirkung? (Antwort mit Begründung)

1

		Resistivität:	Leitfähigkeit:
Bei steig.Temp.:	Metalle	Zunahme	Abnahme
	Halbleiter	Abnahme	Zunahme
	wäß.Elektrolyte	Abnahme	Zunahme

2 Es gilt: $\text{Anzahl} = \dfrac{\text{Gesamtladung 1 C}}{\text{Elementarladung } e} = \dfrac{1\,\text{As}}{1{,}6 \cdot 10^{-19}\,\text{As}}$
$\approx 0{,}6 \cdot 10^{19} = 6 \cdot 10^{18}$

3 Aus $R = \dfrac{\rho\, l}{A} = \dfrac{\rho\, l}{d^2 \pi/4}$ erhält man $\rho = \dfrac{d^2 \pi}{4} \dfrac{R}{l}$

4 Bei jeweils einheitlichem linearem Maßstab für die Spannung und die Stromstärke erhält man:

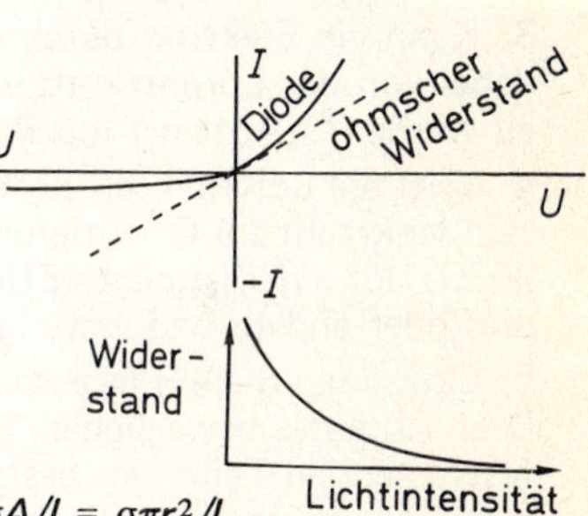

5 Die Dichte der Ladungsträger nimmt mit wachsender Beleuchtungsstärke zu, der Widerstand wird dementsprechend geringer.

6 Es gilt $R = \rho l/A$ und somit $G = \sigma A/l = \sigma \pi r^2/l$
Mit den angegebenen Werten:
$G = 0{,}01\,\Omega^{-1}\,\text{cm}^{-1} \cdot \pi \cdot 1\,\text{cm}^2/100\,\text{cm}$
$= 10^{-2} \cdot \pi \cdot 10^{-2}\,\Omega^{-1} \approx 3 \cdot 10^{-4}\,\Omega^{-1} = 0{,}3\,\text{mS}$ (Millisiemens)

7 Folgende Beiträge sind hier anzugeben:
1) Die mit zunehmender Temperatur wachsende Dissoziation erhöht die Dichte der Ladungsträger (Ionen).
2) Die mit steigender Temperatur geringer werdende Viskosität verringert den Widerstand für den Ionentransport.

Beide Einflüsse ergeben einen positiven Temperaturkoeffizienten der Leitfähigkeit (gleichbedeutend mit einem negativen Temperaturkoeffizienten der Resistivität).

8 Nein, weil stets entsprechend dem Massenwirkungsgesetz eine Bildung beider Ionenarten erfolgt, die dann eine schwache Leitfähigkeit zur Folge hat.

9 Zwischen den drei angegebenen Größen gilt die Beziehung:
$F = N_A \cdot e$

10 Ja, denn die Dampfdruckerniedrigung weist auf hohe Anzahldichten gelöster Teilchen hin, die durch den dissoziativen Zerfall von Molekülen entstehen.

4.6 Elektromagnetismus, Lorentzkraft, Induktion, Transformator

1 Welche funktionalen Zusammenhänge: $H = f(n)$, $H = f(l)$ und $H = f(I)$ gelten für das magnetische Feld (Feldstärke H) im Inneren einer langen Zylinderspule (Länge l, n Windungen), wenn eine Stromstärke I in der Wicklung auftritt?

2 Wie hängt die magnetische Flußdichte B mit der magnetischen Feldstärke H zusammen? Wie lassen sich H und B mittels geeigneter Kombinationen von SI-Basiseinheiten darstellen? Wie läßt sich B unter Verwendung von Tesla(T) und Weber(Wb) angeben?

3 Kann ein Elektron durch ein homogenes Magnetfeld fliegen, ohne dabei von der Lorentzkraft von seiner geradlinigen Bahn abgelenkt zu werden? (Antwort mit Begründung)

4 Tritt die Lorentzkraft bei einem Teilchenstrahl, der in ein Magnetfeld senkrecht zur Orientierung der Flußdichte B eingeschossen wird, immer auf, oder ist dieser Effekt etwa auf Elektronen, positive Ionen und/oder andere Ladungsträger beschränkt?

5 Skizzieren Sie ein Drehspulmeßwerk (im Schnitt senkrecht zur Drehachse des beweglichen Teiles) und kennzeichnen Sie die nicht feststehenden Teile (am besten farbig).

6 In welcher Richtung erfährt ein stromdurchflossener Leiter eine Kraft in einem Magnetfeld?

7 Tritt Selbstinduktion bei jedem Leiter auf wenn die Stromstärke sich ändert, also auch bei einem geraden Draht?

8 Ein verlustfreier Transformator wird an 220 V angeschlossen. Seine Primärwindungszahl: n_p = 880; die Sekundärwicklung weist n_s = 120 Windungen auf. Welche Sekundärspannung U_s tritt auf?

9 Wie groß ist in der Anordnung der vorstehenden Aufgabe die umgesetzte Leistung, wenn sekundärseitig ein Belastungswiderstand $R = 180\,\Omega$ angeschlossen ist?

10 Der vorstehend beschriebene Transformator wird sekundärseitig so belastet, daß eine Stromstärke I_s = 0,11 A auftritt. Welche Primärstromstärke I_p stellt sich dann ein (in der mit vernachlässigbaren Verlusten arbeitenden Anordnung)?

1 In der Spannungs(U)-Stromstärke(I)-Charakteristik ist der Sättigungsbereich geeignet für die Wahl der Betriebsspannung, weil dort die Ionisationsstromstärke nur wenig von U abhängt.

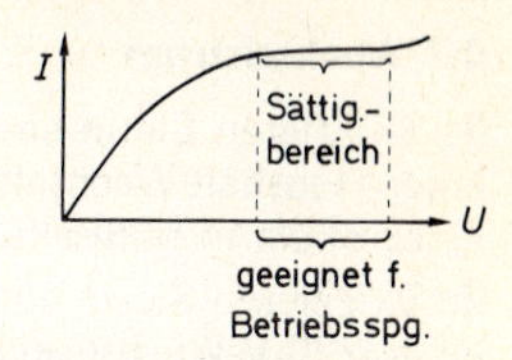

2 Die infolge einfallender Strahlung durch primäre Inosation entstandenen Ladungsträger werden im elektrischen Feld der Anordnung beschleunigt und erreichen genügend hohe kinetische Energien, um durch Stöße wiederum weitere Ionen zu bilden. Dieser lawinenartige Effekt vergrößert die transportierte Ladungsmenge und vereinfacht die Messung.

3 Gemäß der Energiebilanz des Photoeffekts: $h\nu = W_{\text{kin}} + W_{\text{A}}$ (W_{A} Austrittsarbeit) findet man den Zusammenhang:

4 Hochvakuum-Diode, Elektronenstrahlröhre, Röntgenröhre, Verstärkerröhren mit einem oder mehreren Gittern usw.

5 Für die Emissionsstromstärke ist die Kathodentemperatur maßgebend. Diese wird über den Heizstrom beeinflußt. Wächst dieser, so steigt die Temperatur und es werden mehr Elektronen emittiert.

6 Bei gegebener Kathodentemperatur (Heizstromstärke) findet man:

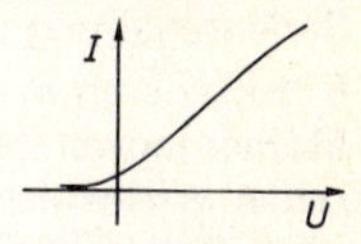

7 Die Zeichnung, die Sie zu dieser Aufgabe angefertigt haben, können Sie mit einer entsprechenden Darstellung in Ihrem Lehrbuch vergleichen. Dabei wäre besonders zu beachten: Anschluß jeweils beider Leitungen, die von den Quellen kommen, an die Röntgenröhre.

8 Für die Endenergie gilt $W = e \cdot U$. Mit dem Zusammenhang für die kinetische Energie

$$W = \frac{1}{2} m v^2 \quad \text{erhält man} \quad \frac{1}{2} m v^2 = eU$$

und hieraus den gesuchten Zusammenhang $v_{\text{E}} = \sqrt{\frac{2eU}{m}}$

9 In einer Sekunde wird transportiert die Ladung $Q = 8\,\text{mA} \cdot 1\,\text{s} = 8\,\text{mA}$. Ferner: Anzahl Elektronen = Gesamtladung/Elektronenladung $= 8 \cdot 10^{-3}\,\text{As} / 1{,}6 \cdot 10^{-19}\,\text{As} = 5 \cdot 10^{16}$

10 Ja, denn nur bei solcher Polarität der äußeren Spannung, bei der die durch thermische Emission bereitgestellten Elektronen zur Anode gelangen, fließt ein Strom. Umgekehrt findet kein Ladungstransport statt, da die Anode (sie wird ja nicht geheizt) keine Ladungsträger für den Transport durch das Vakuum bereitstellt.

4.7 Wechselstrom

1 Skizzieren Sie in einem Spannung-Zeit-Diagramm den Verlauf einer Haushalt-Wechselspannung und versehen Sie die Zeitachse mit einer Skala in Millisekunden.

2 Skizzieren Sie in einem Spannung-Zeit-Diagramm den Verlauf einer 220 V-Wechselspannung und tragen Sie ein, wo die Werte +220 V und −220 V liegen.

3 Welchen Scheitelwert hat eine harmonische Wechselspannung von 14 V.

4 Skizzieren Sie in einem Induktivität-Kreisfrequenz-Diagramm die Abhängigkeit der Induktivität einer Luftspule L von der Kreisfrequenz ω.

5 Skizzieren Sie in einem Impedanz-Kreisfrequenz-Diagramm, wie der Wechselstromwiderstand Z eines Kondensators von der Kreisfrequenz ω abhängt.

6 Ermitteln Sie näherungsweise die (Wechsel-)Stromstärke I, die beim Anschluß eines Kondensators mit der Kapazität $C = 1\ \mu\text{F}$ an einer normalen Haushaltssteckdose auftritt.

7 Ein Wirkwiderstand R und eine Induktivität L belasten einzeln eine vorhandene Wechselspannungsquelle mit der gleichen Stromstärke I_1. Welche Stromstärke I_2 stellt sich ein, wenn beide in Serienschaltung mit derselben Quelle verbunden werden.

8 Skizzieren Sie in einem Leistung-Zeit-Diagramm den Verlauf des Momentanwertes der Leistung $P(t)$, die umgesetzt wird, wenn ein reiner Wirkwiderstand R an einer Haushaltsteckdose angeschlossen ist. Tragen Sie dazu das Zeitintervall einer Periode ein und schreiben daran deren Dauer in Millisekunden.

9 Ist die Scheinleistung P_s einer mit Wechselstrom betriebenen Anordnung stets größer oder gleich der Wirkleistung P_w?

10 An einer Haushaltssteckdose ist eine Impedanz (Wechselstromwiderstand) $Z = 660$ V/A angeschlossen. Mit welcher Scheinleistung P_s wird der Anschluß belastet?

1 Gesucht wird hier: $H \sim n$, $H \sim 1/n$, $H \sim I$ zusammengefaßt: $H = \frac{n}{l} I$

2 Der gesuchte Zusammenhang: $B = \mu_r \mu_o H$, wobei μ_o = magnetische Feldkonstante und μ_r = Permeabilitätszahl). Für die Einheiten:

H in A/m und für B $\quad 1 \frac{\text{Vs}}{\text{m}^2} = 1\ \text{T} = 1 \frac{\text{Wb}}{\text{m}^2}$

3 Ja, wenn die Einschußrichtung parallel zur Orientierung der magnetischen Flußdichte B steht, weil dann keine Lorentzkraft auftritt. Formal: $\vec{F} = e\,\vec{v} \times \vec{B} = 0$ für $\vec{v} \parallel \vec{B}$.

4 Der genannte Effekt tritt für beliebige bewegte Ladungen auf, allerdings spielt das Vorzeichen der Ladung bei der Richtung der Lorentzkraft eine Rolle. Dies wird formal durch das Vektorprodukt dargestellt.

5 Die Skizze können Sie anhand Ihres Lehrbuches überprüfen. Zu beachten ist, daß nur Spule und Zeiger sich bewegen, nicht jedoch der Eisenkern zwischen den Polschuhen, der die Aufgabe hat, im Luftspalt eine geeignete Flußdichteverteilung zu bewirken, damit man eine lineare Skala erhält.

6 Die Kraft steht senkrecht auf einer Ebene, die von dem (geraden) Leiter und der Richtung der magnetischen Flußdichte B bestimmt ist. Nur wenn Stromstärke I und Flußdichte B parallel (oder antiparallel) stehen, tritt keine Lorentzkraft auf.

7 Ja, denn das vom Ladungstransport im Leiter verursachte Feld ist auch am Ort des Leiters selbst wirksam und ergibt bei Stromstärkeänderung dort eine Induktion, d.h. es tritt Selbstinduktion auf.

8 Mit der hier interessierenden Relation $\frac{U_s}{U_p} = \frac{n_s}{n_p}$ erhält man

$$U_s = \frac{n_s}{n_p} U_p = \frac{120}{880} \cdot 220\ \text{V} = \frac{120}{4}\text{V} = 30\ \text{V}$$

9 In dem an die Spannung U_s angeschlossenen Widerstand R wird eine Leistung $P_s = \frac{U_s^2}{R} = \frac{900\ \text{V}^2}{180\ \Omega} = 5 \frac{\text{V}^2}{\text{V/A}} = 5\ \text{VA} = 5\ \text{W}$ umgesetzt.

10 Für den verlustfreien Transformator erhält man für die Stromübersetzung: $\frac{I_p}{I_s} = \frac{n_s}{n_p}$ woraus sich dann die Primärstromstärke I_p berechnen läßt: $I_p = \frac{n_s}{n_p} \cdot I_s = \frac{120}{880} \cdot 0{,}11\ \text{A} = \frac{1{,}2 \cdot 11}{80}\ \text{A}$

$$= \frac{1{,}2}{80}\text{A} = 0{,}015\ \text{A} = 15\ \text{mA}$$

4.8 Elektrische und magnetische Polarisation der Materie

1 Bei einem Plattenkondensator wird im Vakuum die Kapazität 200 pF und beim Eintauchen in eine Flüssigkeit eine solche von 500 pF gemessen. Welcher Prozentsatz dieses Wertes ist der elektrischen Polarisation zuzuschreiben?

2 Ein Plattenkondensator hat in Luft eine Kapazität C_L = 125 pF. Auf welchen Wert C_W verändert sie sich ungefähr, wenn man die Anordnung in Wasser taucht (und bei technischen Frequenzen die Messung ausführt)?

3 Schreiben Sie drei Mechanismen auf, die in einigen Flüssigkeiten zur elektrischen Polarisation beitragen können.

4 Ein elektrischer Dipol kann verschiedene Orientierungen einstellen. Bei welcher Richtung wird durch ein äußeres elektrisches Feld das größte Drehmoment bewirkt?

5 Weshalb weist die angewinkelte Anordnung der H–O–H-Struktur des Wassermoleküls ein permanentes Dipolmoment auf?

6 Ordnen Sie die folgenden Stoffe tabellarisch in zwei Gruppen und zwar nach polaren und nichtpolaren Molekülen:
H_2O, HCl, CH_4, HBr, CCl_4.

7 Ist der Temperaturkoeffizient der Dielektrizitätszahl ϵ_r von Wasser positiv, null oder negativ?

8 Eine stromdurchflussene lange Zylinderspule weist in Luft in ihrem Inneren eine Feldstärke H_L und eine Flußdichte B_L auf. Wie ändern sich H und B, wenn man mit einem Werkstoff mit der Permeabilitätszahl μ von etwa 100 das Innere der Spule ausfüllt?

9 Muß eine Kompaßnadel aus einem ferromagnetischen Material hergestellt sein?

10 Ist Eisen im festen Aggregatzustand stets ferromagnetisch, oder kann es auch fest und paramagnetisch auftreten?

1 Die Frequenz beträgt $\nu = 50\ \text{Hz}$
Für die Periode erhält man daher

$$T = \frac{1}{\nu} = \frac{1}{50}\ \text{s} = 0{,}02\ \text{s} = 20\ \text{ms}$$

2

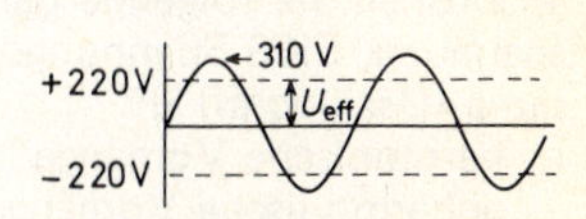

3 Für den angegebenen Effektivwert $U_{\text{eff}} = 14\ \text{V}$ erhält man eine Scheitelspannung $\hat{U} = \sqrt{2} \cdot U_{\text{eff}} = \sqrt{2} \cdot 14\ \text{V} \approx 20\ \text{V}$

4 Bei einer Luftspule hängt die Induktivität nicht von der (Kreis-)-Frequenz ab.

5 Wegen $Z = 1/\omega C$ erhält man in diesem Fall:

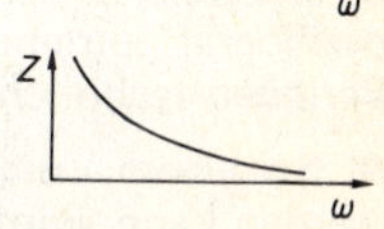

6 $I = U/(\text{Wechselstromwiderstand}) = U/(1/\omega C) = \omega C \cdot U$

$$= 2\pi \cdot 50\ \text{s}^{-1} \cdot 10^{-6}\ \frac{\text{As}}{\text{V}} \cdot 220\ \text{V} = 314 \cdot 220 \cdot 10^{-6}\ \text{A}$$

$$\approx 7 \cdot 10^{4} \cdot 10^{-6}\ \text{A} \approx 7 \cdot 10^{-2}\ \text{A} \approx 70\ \text{mA}$$

7 Aus dem ersten Satz folgt $\omega L = R$.
Für die Impedanz der Serienschaltung erhält man:

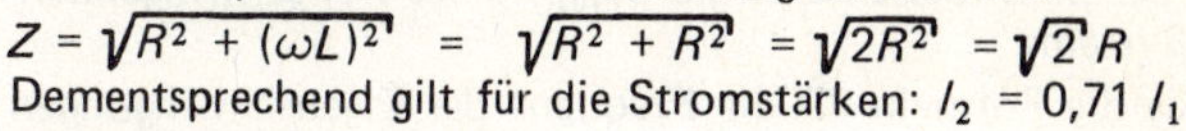

$$Z = \sqrt{R^2 + (\omega L)^2} = \sqrt{R^2 + R^2} = \sqrt{2R^2} = \sqrt{2}\,R$$

Dementsprechend gilt für die Stromstärken: $I_2 = 0{,}71\ I_1$

8 Es gilt $P(t) = (I(t))^2 \cdot R$.
Die Minima des Momentanwerts der Leistung $P(t)$ treten auf bei den Nulldurchgängen von $I(t)$.

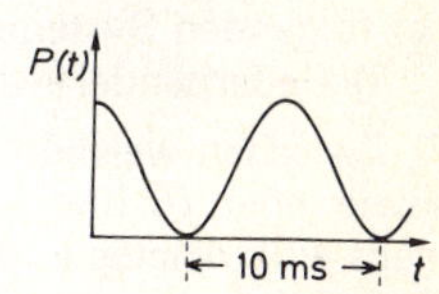

9 Ja, weil für die Scheinleistung $P_s = I_{\text{eff}} \cdot U_{\text{eff}}$ und für die Wirkleistung $P_w = I_{\text{eff}} \cdot U_{\text{eff}} \cdot \cos\varphi$ gilt und die Winkelfunktion $\cos\varphi$ höchstens den Wert 1 annehmen kann.

10 Es gilt $U = Z \cdot I$. Damit erhält man für die

Scheinleistung: $P_s = \dfrac{U^2}{Z} = \dfrac{220\ \text{V} \cdot 220\ \text{V}}{660\ \text{V/A}} \approx 73\ \text{VA}$

5 Schwingungen und Wellen

5.1 Schwingende Systeme (‚ungedämpft' und gedämpft) Analogien

1 Ordnen Sie folgende periodischen Vorgänge: technische Wechselspannung, EKG-Spannungsverlauf, Stimmgabel-Ton, Sägezahn-Spannung (Oszillograf) in:

harmonische Vorgänge ....
anharmonische Vorgänge ....

2 Schreiben Sie für eine harmonische Schwingung die Abhängigkeit des Momentanwerts $A(t)$ vom Scheitelwert $\hat{A}$ und

1) der Kreisfrequenz ω sowie der Zeit t ....
2) der Periodendauer T sowie der Zeit t ....
3) der Frequenz ν sowie der Zeit t ....

3 Mit welcher Periode der Kippspannung muß ein Elektronenstrahloszillograf betrieben werden, damit man für eine, zwei oder drei Perioden technischer Wechselspannung ein stehendes Bild erhält?

4 Bei einem Vorgang, der mittels $A = \hat{A} \cos(\omega t + \varphi)$ dargestellt werden kann, wird ω verdoppelt. Welche Veränderungen ergeben sich für:

1) die Periodendauer T ....
2) die Frequenz ν ....
3) den Scheitelwert $\hat{A}$ ....

5 Skizzieren Sie in zwei übereinander angeordneten Diagrammen mit korrelierten Zeitachsen den zeitlichen Verlauf der kinetischen (W_{kin}) und der potentiellen Energie (W_{pot}) eines frei schwingenden elastischen Systems.

6 Stellen Sie die Formeln für die Frequenz der Eigenschwingungen bei folgenden Systemen zusammen:

1) Federpendel 2) Drehpendel 3) L-C-Schwingkreis

7 Zwischen welchen Eigenschaften (m und D) eines Federpendels sowie jenen (C und L) eines elektrischen Schwingkreises besteht jeweils eine Analogie, die auch für die Simulation von Vorgängen wichtig ist?

8 Um welchen Faktor ändert sich die Eigenfrequenz eines L-C-Kreises, wenn man die Induktivität verdoppelt und die Kapazität auf den achtfachen Wert vergrößert?

9 Welche Maßnahmen sind erforderlich, um ein schwingungsfähiges System zum ‚ungedämpften' Schwingen zu bringen?

10 Stellen Sie in einer Skizze schematisch dar je einen:

a) von Null auf eine stationäre Amplitude einschwingenden Vorgang;
b) ‚ungedämpften' harmonischen Vorgang;
c) exponentiell abklingenden Schwingungsvorgang.

1 Die elektrische Polarisation P stellt den materiebedingten Zuwachs des elektrischen Flusses D dar; es gilt $P = D - D_0 = (\epsilon_r - 1)\,\epsilon_0\,E$. So entsteht die Vergrößerung der Kapazität, hier 300 pF. Das sind 60% des angegebenen Bezugswertes von 500 pF.

2 Es gilt $C = \epsilon_r \epsilon_0 \frac{A}{s}$. Legt man die Dielektrizitätszahlen von Luft $\epsilon_r \approx 1$ und von Wasser $\epsilon_r \approx 81$ zugrunde, so erhält man für die zugehörigen Werte der Kapazität: $C_L / C_W = \epsilon_L / \epsilon_W$ und somit

$C_W = C_L \cdot (\epsilon_W / \epsilon_L) = 125\ \mathrm{pF} \cdot 81 \approx 10\,000\ \mathrm{pF} = 10\ \mathrm{nF}$

3 Es sind: Elektronische Polarisation
Ionische Verschiebungspolarisation
Orientierungspolarisation

4 Die Ladungen an den Enden erfahren einzeln im homogenen Feld in jeder Orientierung dem Betrage nach gleich große aber entgegengesetzt gerichtete Kräfte. Das Drehmoment ist am größten, wenn die Verbindungslinie senkrecht zur Feldrichtung steht (analog zum Hebelgesetz).

5 Der Ladungsschwerpunkt der beiden positiven Protonen liegt wegen der Knickung räumlich getrennt von jenem des Sauerstoffs. So ergibt sich ein Dipol, der schon ohne äußeres elektrisches Feld besteht.

6 Polare Moleküle liegen vor bei: H_2O, HCl, HBr
nichtpolare Moleküle sind: CH_4, CCl_4

7 Mit wachsender Temperatur stört die Wärmebewegung die Orientierungspolarisation immer stärker. Die Ausrichtbarkeit und damit die Polarisation sowie folglich auch die Dielektrizitätszahl ϵ_r werden dementsprechend geringer. Daher ergibt sich für letztere ein negativer Temperaturkoeffizient.

8 Die Feldstärke H behält ihren Wert. Entsprechend dem Zusammenhang $B = \mu\,\mu_0\,H$ wird B ungefähr hundertmal größer als in Luft.

9 Ja, weil sie ein permanentes magnetisches Dipolmoment benötigt, um sich im schwachen Erdfeld einstellen zu können.

10 Ja, denn oberhalb der Curietemperatur, die noch weit unterhalb des Schmelzpunktes liegt, ist es zwar fest, jedoch nicht mehr ferro- sondern paramagnetisch.

5.2 Wellen und deren Überlagerung

1 Wie lautet der Zusammenhang zwischen Frequenz ν, Ausbreitungsgeschwindigkeit v und Wellenlänge λ bei folgenden Formen:
longitudinale Wellen ....
transversale Wellen ....

2 Geben Sie an, in welchen Fällen Energie- und/oder Massentransport stattfindet: (ja/nein?)

	Energie-transport	Massen-transport
1) Lichtwellen in Glas	....	....
2) Stehende Schallwellen in Luft	....	....
3) Longitudinale Schallwellen in Wasser	....	....

3 Welche Wellenlänge hat eine 500 Hz-Schallwelle in
Wasser (c = 1,5 km/s) ....
Luft (c = 0,35 km/s) ....

4 Wellen breiten sich von einem Zentrum radial in einem homogenen Medium aus. Was gilt mit zunehmender Entfernunq für die Größen:
Frequenz .... Amplitude .... Wellenlänge ....

5 Welche Wellenlänge weist eine elektromagnetische Welle im Vakuum auf, wenn die Dauer ihrer Periode $T = 10^{-8}$ s beträgt?

6 Was gilt beim Übergang in ein anderes Medium für die eine Welle beschreibenden Größen Frequenz, Ausbreitungsgeschwindigkeit und Wellenlänge?
verändert: ....
unverändert: ....

7 Geben Sie an, wo transversale oder longitudinale Wellen vorliegen.
1) Schallwellen in Gasen .... Wellen
2) elektromagnetische Wellen .... Wellen
3) Flüssigkeits-Oberflächenwellen .... Wellen

8 Ist das Huygenssche Prinzip anwendbar bei:
1) der Beugung an einer engen Lochblende? ....
2) Interferenzen an einem Gitter? ....
3) der Ausbreitunq einer ebenen Wellenfront? ....

9 Welche Bedingungen müssen erfüllt sein, damit Wellen kohärent sein und interferieren können?
Die Frequenzen ....
Die Phasendifferenz ....

10 Kann man zwischen den Lichtwellen, die von zwei unabhängigen natürlichen Quellen ausgehen, Interferenzen beobachten? (Antwort mit Begründung)

1 Es sind:
harmonische Vorgänge: techn. Wechselspg. und Stimmgabel-Ton
anharmonische Vorgänge: EKG-Spannungsverlauf und Sägezahn-Spg.

2 Die Darstellungen mit den jeweils angegebenen Parametern lauten:

1) $A = \hat{A}\,\sin(\omega t + \varphi)$ 2) $A = \hat{A}\,\sin(\frac{2\pi}{T}t + \varphi)$

3) $A = \hat{A}\,\sin(2\pi \nu t + \varphi)$

3 Bei technischer Wechselspannung gilt $\nu = 50\,\text{Hz}$ und daher $T = 20\,\text{ms}$. Für die gewünschten stehenden Bilder benötigt man: $T_1 = T = 20\,\text{ms}$, $T_2 = 2T = 40\,\text{ms}$ und $T_3 = 3T = 60\,\text{ms}$

4 Eine Verdopplung der Kreisfrequenz ω ergibt für
1) die Periodendauer T Halbierung
2) die Frequenz ν Verdopplung
3) den Scheitelwert $\hat{A}$ keine Änderung

5 Die beiden Formen der Energie treten jeweils mit positiven Werten auf. Die Summe der Anteile ist zu jedem Zeitpunkt gleich.

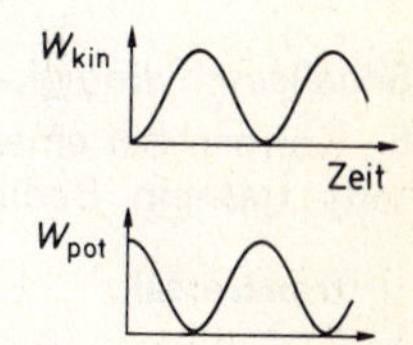

6 Für die Frequenzen der Eigenschwingungen gilt:

1) Federpendel $\nu = \frac{1}{2\pi}\sqrt{\frac{D}{m}}$ 2) Drehpendel $\nu = \frac{1}{2\pi}\sqrt{\frac{D}{J}}$

3) L-C-Schwingkreis $\nu = \frac{1}{2\pi}\sqrt{\frac{1}{L \cdot C}} = \frac{1}{2\pi\sqrt{L \cdot C}}$

7 Die anzugebenden Analogien bestehen zwischen folgenden Größen:

$m \leftrightarrow L$ sowie $D \leftrightarrow \frac{1}{C}$

8 Für die Eigenfrequenz in den beiden beschriebenen Fällen gilt:

$$\nu_1 = \frac{1}{2\pi\sqrt{L \cdot C}} \text{ und } \nu_2 = \frac{1}{2\pi\sqrt{2L \cdot 8C}} = \frac{1}{2\pi\sqrt{16 L C}} = \frac{1}{4} \cdot \frac{1}{2\pi\sqrt{L C}}\,.$$

Die Frequenz geht also auf ein Viertel zurück.

9 Es ist eine periodische Energiezufuhr erforderlich, um die Verluste zu decken. Sie muß jeweils im geeigneten Schwingungszustand (phasenrichtig) erfolgen.

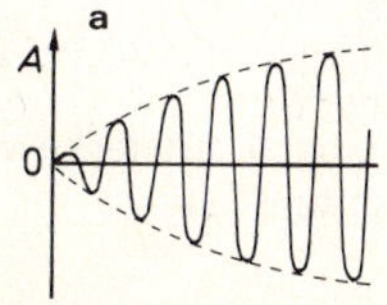

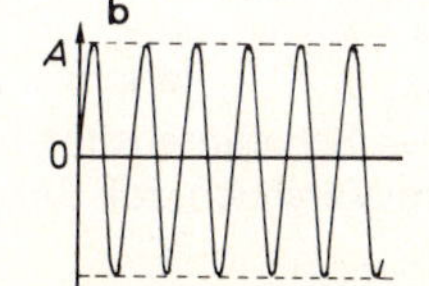

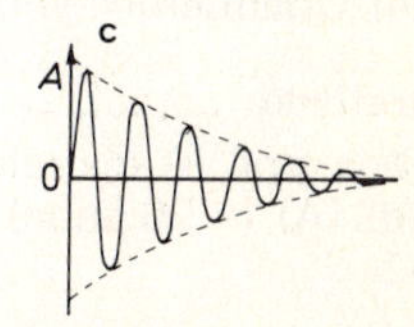

5.3 Schall (Ausbreitung, Doppler-Effekt, Wirkungen)

1 Ordnen Sie die folgenden Wellenlängen in Luft: 1 m, 10 cm, 1 cm und 1 mm den nachstehenden Bereichen zu:

Hörschall ....

Ultraschall ....

2 Geben Sie zu den in der vorangehenden Aufgabe genannten Wellenlängen in Luft ungefähr die zugehörigen Frequenzen an.

3 Zeigen longitudinale Schallwellen Interferenzerscheinungen?

4 Ordnen Sie – soweit möglich – die folgenden Einheitenkombinationen: W/m^3, W/m^2, Ws/m^2, W, m/s^2, m/s, $N \cdot m/m^2$ und m^2/s den nachstehenden Größen zu:

Schallintensität ...., Emitterleistung ....,

Schallgeschwindigkeit ....

5 Können bei einem Stahldraht folgende stehenden Wellen auftreten? (ja/nein, Bedingungen?)

transversal ....

longitudinal ....

6 Wie groß ist etwa die Wellenlänge einer Schallstrahlung in Gewebe ($c \approx 1{,}5$ km/s), die für diagnostische Zwecke eingesetzt wird?

7 Skizzieren Sie für eine Saite die Maximalauslenkungen der Grundschwingungen und der nächsten beiden Oberschwingungen.

8 Ordnen Sie zu: Ultraschall läßt sich zur
1) Homogenisierung von Mischungen, 2) Beeinflussung von Makromolekülen, 3) Verringerung der Masse von Proben, 4) Beeinflussung von Kolloiden

anwenden Nrn. ....

nicht anwenden Nrn. ....

9 Das Ultraschall-Echoverfahren findet man bei der:
1) Diagnose von Organismen, 2) Bestimmung des Dissoziationsgrades wäßriger Lösungen, 3) Materialprüfung, 4) Orientierung von Fledermäusen

zutreffend: .... falsch: ....

10 Wie groß ist die relative Schallintensität bei einer Lautstärke von 20 dB(A) (= 20 phon) im Vergleich zur Bezugsintensität?

1 Für beide Formen gilt eine analoge Darstellung:
longitudinale Wellen $\lambda \cdot \nu = c$
transversale Wellen $\lambda \cdot \nu = c$

2 Hier gilt:

	Energie-transport	Massen-transport
1) Lichtwellen in Glas	ja	nein
2) Stehende Schallwellen in Luft	ja	nein
3) Longitudinale Schallwellen in Wasser	ja	nein

3 Für diese Schallwelle gilt in

Wasser $\lambda = c/\nu = 1500 \frac{\text{m}}{\text{s}} / 500\,\text{s}^{-1} = 3\,\text{m}$

Luft $\lambda = c/\nu = 350 \frac{\text{m}}{\text{s}} / 500\,\text{s}^{-1} = 0{,}7\,\text{m}$

4 Bei der bezeichneten radialen Wellenausbreitung gilt:
Frequenz unverändert, Amplitude abnehmend, Wellenlänge unverändert.

5 Aus dem Zusammenhang $c = \lambda \cdot \nu = \lambda/T$ folgt

$\lambda = c \cdot T = 3 \cdot 10^8 \frac{\text{m}}{\text{s}} \cdot 10^{-8}\,\text{s} = 3\,\text{m}$

6 Es ändern sich: Ausbreitungsgeschwindigkeit und Wellenlänge
unverändert bleibt: Frequenz

7 Die beiden genannten Formen von Wellen liegen vor wie folgt:

1) Schallwellen in Gasen	longitudinale Welle
2) elektromagnetische Wellen	transversale Welle
3) Flüssigkeits-Oberflächenwellen	transversale Welle

8 Das Huygenssche Prinzip ist bei beliebigen Wellenfronten anwendbar, deshalb lauten die Antworten:
1) ja
2) ja
3) ja

9 Kohärent und interferenzfähig sind Wellen, bei denen u.a. folgende Bedingungen gelten:
Die Frequenzen müssen gleich sein.
Die Phasendifferenz muß zeitlich konstant sein.

10 Nein, das von zwei verschiedenen natürlichen Lichtquellen ausgehende Licht ist nicht kohärent und daher auch nicht interferenzfähig.

6 Optik

6.1 Lichtausbreitung (Reflexion, Brechung), Spiegel, Linsen

1 Wie ändert sich in einem Lichtstrahl beim Übergang in ein Medium geringerer optischer Dichte (d.h. kleinerer Brechzahl) die

1) Wellenlänge .... 2) Frequenz ....

3) Ausbreitungsgeschwindigkeit ....

2 Stellen Sie in einem Lichtausbreitungsgeschwindigkeit(c)-Brechzahl(n)-Diagramm den Zusammenhang dieser Größen dar.

3 Wie hängt das Brechungsgesetz für Licht an der Grenze zwischen zwei durchsichtigen Stoffen mit den Brechzahlen n_1 und n_2 sowie der zugehörigen Ausbreitungsgeschwindigkeiten c_1 und c_2 zusammen?

4 Ordnen Sie der Größe nach die Brechzahlen n_{rot}, n_{blau}, $n_{grün}$, n_{gelb} für verschiedene Spektralbereiche des sichtbaren Lichtes, wenn es sich um einen Stoff mit normaler Dispersion handelt.

5 Welche Relationen müssen die Brechzahlen n_a und n_b aufweisen, damit die dargestellten Strahlengänge entstehen?

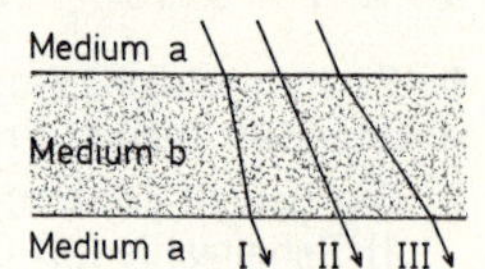

6 Stellen Sie in einem Brennweite(f)-Brechkraft(D)-Diagramm die Kurven dar, auf denen zusammengehörige Werte für Sammel- bzw. Zerstreuungslinsen liegen.

7 Ist bei einer Zerstreuungslinse aus Glas infolge der chromatischen Aberration die Brennweite(Betrag) für rotes oder für blaues Licht kleiner?

8 Skizzieren Sie den Strahlengang bei der Abbildung eines Gegenstandes, der sich etwa im doppelten Abstand der Brennweite vor einer Sammellinse befindet, unter Verwendung von Parallel-, Zentral- und Brennstrahl.

9 Stellen Sie das Verhältnis von Bild(B)- zu Gegenstands(G)-Größe dar und zwar:

1) mittels Brennweite f und Gegenstandsweite g;
2) mittels Brennweite f und Bildweite b;
3) mittels Gegenstandsweite g und Bildweite b.

10 Formen Sie die Abbildungsgleichung so um, daß eine Darstellung

$f =$ .... entsteht.

1 Folgende Zuordnungen sind richtig:
Hörschall: 1 m und 10 cm
Ultraschall: 1 cm und 1 mm

2 Mit dem Zusammenhang zwischen Wellenlänge λ, Frequenz ν und Ausbreitungsgeschwindigkeit c erhält man:

$\lambda_1 = 1\,\text{m} \Rightarrow \nu_1 = c/\lambda = 330\,\frac{\text{m}}{\text{s}} / 1\,\text{m} = 330\,\text{Hz}$;
$\lambda_2 = 10\,\text{cm} \quad \nu_2 = 3{,}3\,\text{kHz}$
$\lambda_3 = 1\,\text{cm} \quad \nu_3 = 33\,\text{kHz}$; $\lambda_4 = 1\,\text{mm} \quad \nu_4 = 330\,\text{kHz}$.

3 Ja, Überlagerung von Anteilen, die zu der Entwicklung räumlicher Verteilungen von Maxima und Minima führt, tritt für diese Art von Wellen auf.

4 Die Zuordnungen: Schallintensität W/m^2
Emitter-Leistung W
Schallgeschwindigkeit m/s, sonst keine.

5 An einem Stahldraht (Saite) sind möglich:
transversal: ja, z.B. Saitenschwingungen
longitudinal: ja

6 Mit den üblichen Symbolen erhält man hier:

$$\lambda = c/\nu = 1{,}5 \cdot 10^3\,\frac{\text{m}}{\text{s}} / 3 \cdot 10^6\,\text{s}^{-1} = 0{,}5 \cdot 10^{-3}\,\text{m} = 0{,}5\,\text{mm}$$

7 Infolge der konstruktiven Gegebenheiten an den Enden müssen dort Knotenstellen auftreten. Deshalb gilt:

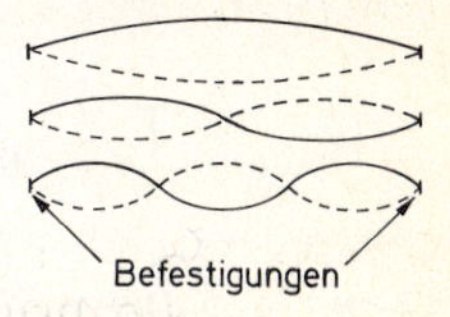

8 Für die bezeichneten Zwecke läßt sich Ultraschall
anwenden bei Nr. 1, 2 und 4
nicht anwenden: Nr. 3.

9 Anwendungsbereiche des Ultraschall-Echoverfahrens sind angegeben:
zutreffend bei Nrn. 1, 3 und 4
falsch: nur bei Nr. 2

10 Für die Lautstärke gilt: $20 = 10 \log_{10} \frac{I}{I_0} = 10 \cdot 2$ dB(A)

Damit erhält man als Bedingung $\log_{10} \frac{I}{I_0} = 2$, delogarithmiert:

$\frac{I}{I_0} = 10^2 = 100$. Die Schallintensität I ist demnach 100fach so groß wie jene (I_0) bei der Bezugsintensität.

6.2 Optische Systeme und Geräte

1 Bei einer photografischen Nahaufnahme befindet sich der Gegenstand im Abstand g = 25 cm vor dem Objektiv, das hier als ‚dünne Linse' mit einer Brennweite f = 5 cm behandelt werden soll. Für welche Bildweite b ist ein scharfes Bild zu erwarten?

2 Was versteht man bei einem optischen Gerät unter folgendem Begriff

Vergrößerung = ...

3 Was bedeutet ‚Sehwinkel ohne Gerät' bei einem Objekt, das man ohne Mikroskop gar nicht erkennen kann?

4 Skizzieren Sie den Strahlengang für eine Lupe und zwar so, daß die Umgebung der Linse und das virtuelle Bild berücksichtigt werden.

5 Zwei dünne Linsen, f_1 = 12,5 cm und D_2 = −4 dpt, werden aneinandergesetzt. Welche Gesamtbrennweite hat das System?

6 Eine Sammellinse mit der Brennweite f = 6,25 cm wird als Lupe verwendet. Welche Vergrößerung erzielt man damit?

7 Welche drei Maßnahmen am Gerät können die Vergrößerung eines Mikroskops erhöhen?

1) ...Tubuslänge vergrößern...

2) ...Brennweite Okular verringern...

3) ...Brennweit Objektivs verringern...

8 Welche Brennweite f weist eine Lupe auf, wenn man auf ihrem Rand die Angabe ‚8x' findet?

9 Das Okular eines Mikroskops wird als Lupe verwendet. Ergibt sich auf der Netzhaut des Auges des Beobachters ein reelles oder ein virtuelles Bild?

10 Beim Zubehör eines Mikroskops finden sich

1) Objektive mit den Brennweiten 5 mm, 8 mm und 15 mm, sowie

2) Okulare mit den Brennweiten 20 mm, 40 mm und 60 mm.

Welche Kombination gibt die stärkste Vergrößerung?

1 Richtig ist hier:
1) Wellenlänge wird größer 2) Frequenz bleibt gleich
3) Ausbreitungsgeschwindigkeit wird größer

2 Da die Ausbreitungsgeschwindigkeit in verschiedenen Medien mit wachsender Brechzahl abnimmt, erhält man die nebenstehende Kurve, die bei den Bedingungen des Vakuums endet.

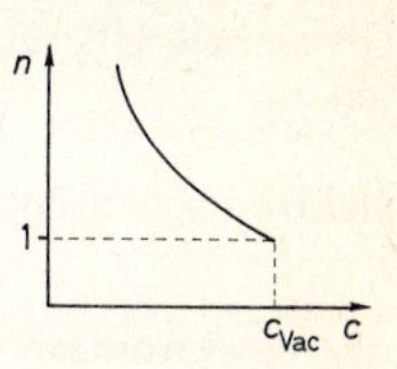

3 Das Brechungsgesetz läßt sich für die angegebenen Größen schreiben

$$\frac{\sin \alpha_1}{\sin \alpha_2} = \frac{n_2}{n_1} = \frac{c_1}{c_2}$$

4 Für die Brechzahlen gilt:
$n_{rot} < n_{gelb} < n_{grün} < n_{blau}$

5 Die dargestellten Verlaufstypen an einer planparallelen Platte erhält man mit den Relationen:
I) $n_b > n_a$ II) $n_b = n_a$ III) $n_b < n_a$

6 Die Sammellinsen und die Zerstreuungslinsen liegen wegen $D = 1/f$ auf zwei Hyperbelästen:

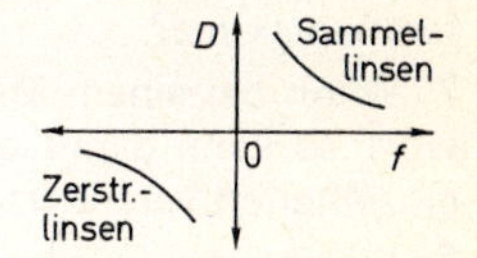

7 Wegen der stärkeren Brechung für blaues Licht liegt in diesem Falle der (durch Konstruktion entstehende) Brennpunkt näher an der Linse:

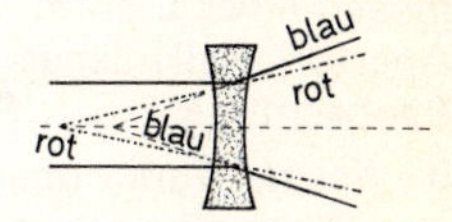

8 Eine richtige Darstellung sollte in Ihrem Lehrbuch zu finden sein; danach können Sie Ihre Skizze beurteilen.

9 Am einfachsten findet man anhand der Konstruktion der vorigen Aufgabe:

$$\frac{B}{G} = \frac{f}{g-f} = \frac{b-f}{f} = \frac{b}{g}$$

10 Aus der Abbildungsformel: $\frac{1}{f} = \frac{1}{g} + \frac{1}{b} = \frac{g+b}{g \cdot b}$

erhält man $f = \frac{g \cdot b}{g+b}$

6.3 Wellenoptik (Interferenz-Anordnungen, Auflösungsvermögen optischer Instrumente)

1 Ordnen Sie folgende Wellen: Infrarotlicht, Röntgenstrahlen, Ultraschall, Ultraviolettlicht und Infraschall nachstehenden Begriffen zu:

elektromagnetische Wellen: IR, X, UV ....

nicht-elektromagn. Wellen: US, IS, ...

2 Läßt sich durch fortschreitende Verengung des Eintrittsspaltes eines Spektrometers erreichen, daß die Linien einer untersuchten Strahlung immer schmaler werden?

3 Enthält das von einem sehr schmalen Spalt gebeugte Licht mehrere Intensitätsmaxima?

4 Welche Funktion hat der Kollimator eines Gitterspektrometers?

5 Hat das Huygenssche Prinzip etwas mit dem Funktionieren eines Gitterspektrometers zu tun?

6 Erfährt bei einem Gitter Licht mit kleinerer oder größerer Wellenlänge stärkere Richtungsänderungen α für die einzelnen Interferenzmaxima?

7 Wenn bei einem Mikroskop eine Immersionsflüssigkeit benutzt wird, so kann damit der kleinste Abstand noch aufgelöster Objekteinzelheiten verändert werden und zwar wie?

8 Welche der folgenden Parameter beeinflussen das Auflösungsvermögen eines Lichtmikroskops?
Apertur, Wellenlänge des Lichts, Intensität des Lichts, Beobachtungsdauer. (Zutreffendes können Sie unterstreichen)

9 Welcher funktionale Zusammenhang besteht zwischen dem kleinsten Abstand noch aufgelöster Objekteinzelheiten und der Wellenlänge des verwendeten Lichts?

10 In welcher Größenordnung können Objekteinzelheiten bei einem Elektronenmikroskop noch aufgelöst werden?
1 pm, 1 nm, 1 μm oder 1 mm?

1 Aus der Abbildungsgleichung $\frac{1}{f} = \frac{1}{g} + \frac{1}{b}$ folgt $\frac{1}{b} = \frac{1}{f} - \frac{1}{g} = \frac{g-f}{g \cdot f}$

und somit $b = \frac{g \cdot f}{g-f} = \frac{125\,\text{cm}^2}{(25-5)\,\text{cm}} = \frac{125}{20}\,\text{cm} = 6{,}25\,\text{cm}$

2 Hier gilt:

$$\text{Vergrößerung} = \frac{\text{Sehwinkel mit Gerät}}{\text{Sehwinkel ohne Gerät}}$$

Mitunter werden die zugehörigen Tangens benutzt.

3 Man bezieht sich (rechnerisch) dabei stets auf eine sonst gebräuchliche ‚deutliche Sehweite', für die nach Vereinbarung ein Standardwert von 25 cm zugrundegelegt wird.

4 Hier ist der nebenstehende Strahlengang darzustellen gewesen.

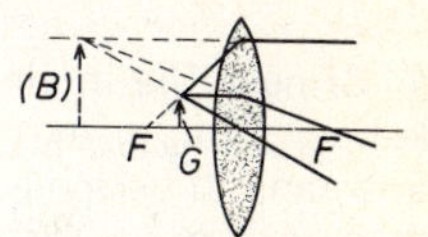

5 Mit der Gesamtbrennweite f, der Gesamtbrechkraft D und den Einzelbeiträgen erhält man:

$\frac{1}{f} = D = D_1 + D_2 = 8\,\text{dpt} - 4\,\text{dpt} = 4\,\text{dpt}$ woraus schließlich folgt:

$$f = \frac{1}{4\,\text{m}^{-1}} = 0{,}25\,\text{m} = 25\,\text{cm}$$

6 Mit der ‚deutlichen Sehweite' s gilt:

$$V = \frac{s}{f} = \frac{25\,\text{cm}}{6{,}25\,\text{cm}} = 4\text{fach}$$

7 Hier kommen in Betracht:
1) Wechsel zu einem Objektiv geringerer Brennweite;
2) Wechsel zu einem Okular geringerer Brennweite;
3) Vergrößerung der Tubuslänge.

8 Wegen des Zusammenhanges mit f und der deutlichen Sehweite s gilt für die Vergrößerung: $V \approx s/f \Rightarrow f \approx s/V = 25\,\text{cm}/8\text{fach} \approx 3{,}1\,\text{cm}$

9 Auf der Netzhaut ist ein reelles Bild notwendig; der Eindruck des verarbeiteten Bildes ergibt jedoch die Vorstellung eines außerhalb vorliegenden Vergrößerten Objektes. Nur hierauf bezogen hat man es mit einem virtuellen Bild zu tun.

10 Für die Vergrößerung gilt $V \sim \frac{1}{f_{obj} \cdot f_{ok}}$. Deshalb erhält man den größten Wert für V mit den jeweils verfügbaren kürzesten Brennweiten, d.h. für das Objektiv $f = 5\,\text{cm}$ und für das Okular $f = 20\,\text{cm}$.

6.1 Polarisation des Lichts, Polarimetrie

1 Geben Sie vier Vorgänge an, die aus natürlichem (unpolarisiertem) Licht eine (teilweise) polarisierte Strahlung entstehen lassen können.

2 Skizzieren Sie die Brechung eines Lichtbündels an einer ebenen Grenzfläche und zwar für den Fall, in dem der gebrochene und der reflektierte Anteil senkrecht zueinander polarisiert sind.

3 Wie hängen der Drehwinkel α und die Konzentration c einer optisch aktiven Substanz zusammen, wenn im Rahmen einer Verdünnungsreihe mit dem gleichen monochromatischen Licht und derselben Küvette gemessen wird. Stellen Sie den Sachverhalt graphisch dar.

4 Bringen Sie in eine der Größe nach geordnete Folge die Drehwinkel $\alpha_{grün}$, α_{gelb}, α_{blau} und α_{rot}, die man bei einer optisch aktiven Substanz in verschiedenem monochromatischem Licht erhält.

5 Stellen Sie schematisch in einem Diagramm dar, welche Drehwinkel α dieselbe Lösung einer optisch aktiven Substanz in Küvetten verschiedener Länge l ergibt.

6 Bei der Polarimetrie an einer optisch aktiven Lösung in einer gegebenen Küvette ist der Drehwinkel α von den Parametern:

1) Intensität des Lichts
2) Konzentration der Lösung
3) Polarisationsmechanismus im Analysator
4) Länge der Küvette
5) Temperatur

abhängig Nrn. ....

unabhängig Nrn. ....

7 Drehen optisch aktive Substanzen die Ebene linear polarisierten Lichtes stets im gleichen Drehsinn?

8 Ist es möglich, daß eine Lösung, die optisch aktive Stoffe enthält, in einem Polarimeter keine Drehung der Polarisationsebene messen läßt?

9 Welche Meßbedingungen werden als gegeben angenommen, wenn man das spezifische Drehvermögen bei einer Konzentrationsbestimmung ohne besondere Hilfsangaben verwendet.

10 Kann man ein Polarimeter mit einem Nicolschen Prisma als Polarisator und einer dichroitischen Polarisationsfolie als Analysator betreiben? (Antwort mit Begründung)

1 Die richtige Zuordnung:

elektromagnetische Wellen:	Infrarotlicht, Röntgenstrahlen, UV-Licht
nicht-elektromagn. Wellen:	Ultraschall, Infraschall

2 Nein, wenn der Spalt sehr eng wird, macht sich die Beugung bemerkbar, die mit weiter abnehmender Spaltbreite sogar zu weniger scharfen Linien führt.

3 Ja, neben dem Hauptmaximum finden sich seitlich noch weitere Maxima (im kleinen), deren Intensitäten nach außen stark abnehmen. (vgl. hierzu auch ein Lehrbuch)

4 Der Kollimator soll mit Hilfe des Spaltes und einer im Abstand ihrer Brennweite dahinter montierten Sammellinse ein paralleles Lichtbündel erzeugen, das auf das Gitter trifft.

5 Ja, die einzelnen Öffnungen des Gitters werden von Licht erreicht, dessen Ausbreitungsfront korrelierte Phasenbeziehungen aufweist. Daraus ergeben sich nach dem Durchtritt die Überlagerungen, die als Interferenzfiguren (z.B. Linien) beobachtet werden.

6 Da die Lage der Maxima durch $b \sin\alpha = k \cdot \lambda$ beschrieben wird, nimmt α mit wachsender Wellenlänge λ zu (allerdings nicht streng linear).

7 Der kleinste noch aufgelöste Abstand ist umgekehrt proportional zur Brechzahl der Immersionsflüssigkeit.

8 Das Auflösungsvermögen hängt ab von:
‚Apertur' und ‚Wellenlänge des Lichts',
nicht jedoch von ‚Intensität' und ‚Beobachtungsdauer'.

9 Näherungsweise ist dieser kleinste Abstand proportional zur Wellenlänge λ des zur Abbildung verwendeten Lichts.

10 Praktisch erreicht wird oft ein Auflösungsvermögen von etwa 0,5 bis 1 nm. Eigentlich würde die Elektronenwellenlänge noch ein Weiterkommen gestatten, aber die Apertur und Unvollkommenheiten der Elektronenlinsen behindern das.

7 Strahlung

7.1 Strahlungsquellen, Strahlungsgrößen

1 Für welche Spektralbereiche werden folgende Strahlungsquellen hauptsächlich genutzt? (bitte ankreuzen)

	UV	VIS	IR
Glühlampen	□	□	□
Leuchtstoffröhren	□	□	□
Quecksilberdampflampen	□	□	□

2 In welchem Verhältnis stehen die Ausbreitungsgeschwindigkeiten (im Vakuum) von Laser-Licht, Röntgenstrahlung und gelbem Natrium-Licht?

3 Was versteht man unter ‚Leuchtdichte' und welche Einheit wird dafür verwendet?

4 Was versteht man unter ‚Beleuchtungsstärke(E)' und welche Einheit wird dafür verwendet?

5 Geben Sie drei Arten von Strahlung an, die von radioaktiven Stoffen emittiert wird, und fügen Sie hinzu, was für Teilchen o.ä. gemeint sind.

6 Welche Mechanismen führen an der Anode einer Röntgenröhre zur Emission von Röntgenstrahlung?

1) ....

2) ....

7 Skizzieren Sie schematisch in einem v-U-Diagramm den Zusammenhang zwischen der Auftreffgeschwindigkeit v der Elektronen in einer Röntgenröhre mit der angelegten Anodenspannung U.

8 Skizzieren Sie schematisch in einem W-U-Diagramm den Zusammenhang zwischen Auftreffenergie W der Elektronen in einer Röntgenröhre und der angelegten Anodenspannung U.

9 Wie groß ist ungefähr der Wirkungsgrad einer Röntgenröhre?

10 Kann man eine Röntgenröhre zur Abbildung von Objekten verwenden? (Mit Begründung)

1 Hier waren anzugeben:
1) Reflexion kombiniert mit Brechung 2) Dichroismus
3) Doppelbrechung 4) Streupolarisation

2 Diese Situation tritt auf, wenn reflektierter und gebrochener Anteil sich senkrecht zueinander ausbreiten. Es gilt dabei das Brewstersche Gesetz $\tan\alpha = n$.

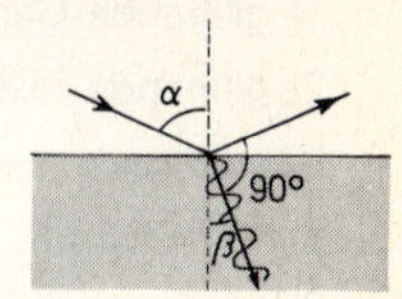

3 Wegen des in der Polarimetrie üblicherweise verwendeten Zusammenhanges $\alpha = [\alpha] / c$ gilt:

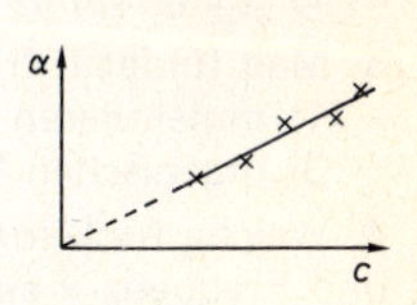

4 Die der Größe nach geordnete Folge muß lauten:
$\alpha_{rot} < \alpha_{gelb} < \alpha_{grün} < \alpha_{blau}$

5 Wegen des in der Polarimetrie üblicherweise verwendeten Zusammenhanges $\alpha = [\alpha] / c$ gilt:

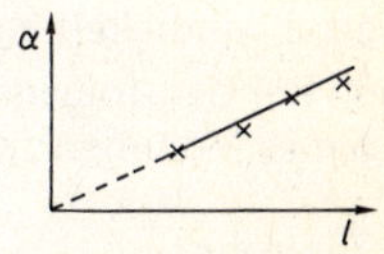

6 Der Drehwinkel α der Schwingungsebene des Lichts ergibt sich als
abhängig Nrn. 2, 4 und 5
unabhängig Nrn. 1 und 3

7 Nein, es gibt Stoffe, die rechts, andere, die links herum drehen.

8 Ja, falls razemische Gemische vorliegen, bei denen die Drehbeiträge rechts und links herum sich gerade kompensieren.

9 Sofern keine besonderen Angaben gemacht werden, unterstellt man folgende experimentelle Bedingungen:
Wellenlänge: gelbes Natriumlicht (λ = 589 nm)
Temperatur: 20 °C

10 Ja, denn es kommt nur darauf an, linear polarisiertes Licht zu erzeugen und nach dem Probendurchgang zu analysieren. Es spielt dann keine Rolle, welcher Mechanismus dafür ausgenutzt wird.

7.2 Spektren, Strahlungsnachweis

1 Welche Arten von Spektren emittieren

1) glühende Gase: ....

2) glühende feste Körper: ....

2 Bandenspektren treten auf in Verbindung mit Änderungen des:

1) .... und/oder des

2) .... von Molekülen.

3 Man findet Infrarot-Schwingungsspektren bei:
1) molekularen Gasen ja/nein 2) Edelgasen ja/nein
3) organischen Molekülen ja/nein (Nichtzutreffendes streichen)

4 Welche funktionale Abhängigkeit besteht zwischen Energie W und Frequenz ν eines Photons?

5 Wie hängt die Energie W eines Photons mit seiner Wellenlänge λ_m in Materie, der Brechzahl n des Materials und der Ausbreitungsgeschwindigkeit c_v im Vakuum und c_m in der Materie zusammen?

6 Bei den folgenden Strahlungsnachweisgeräten gilt für deren wirksames Volumen (ankreuzen):

	evakuiert	Gasfüllung	feste od. flüss. Materie
Zählrohr	☐	☐	☐
Ionisationskammer	☐	☐	☐
Szintillationszähler	☐	☐	☐

7 Welche der folgenden Arten von Strahlung lassen sich mit den angegebenen Möglichkeiten nachweisen? (ankreuzen)

	Ionisationskammer	Lumineszenz	Photogr. Schichten
Röntgenstrahlung	☐	☐	☐
β-Strahlung	☐	☐	☐
sichtbares Licht	☐	☐	☐

8 Wie verändern sich folgende Eigenschaften/Parameter von Strahlungsnachweissystemen bei wachsender Intensität der damit erfaßbaren Strahlung?
Thermoelement: Thermospannung nimmt ....
Ionisationskammer: Sättigungsstromstärke nimmt ....
Photowiderstand: Widerstand nimmt ....

9 Mit welchem Gerät kann man einzelne α- und β-Teilchen nachweisen und wie funktioniert es?

10 In welchem Bereich der Arbeitskennlinie (Charakteristik) einer Ionisationskammer sollte man den Arbeitspunkt wählen? Weshalb?

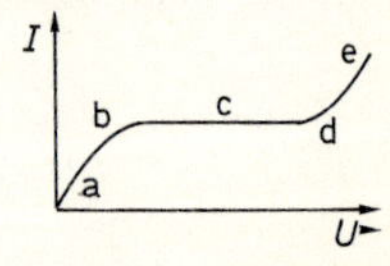

1

	UV	VIS	IR
1) Glühlampen	☐	☒	☒
2) Leuchtstoffröhren	☐	☒	☐
3) Quecksilberdampflampen	☒	☐	☐

2 Es handelt sich in allen diesen Fällen um elektromagnetische Strahlung, die sich im Vakuum einheitlich mit 300 000 km/s ausbreitet.

3 Leuchtdichte ist die Lichtstärke (Einheit cd), die je Flächeneinheit (m^2) emittiert wird, also erhält man für die Einheit cd/m^2.

4 Die Beleuchtungsstärke gibt den Lichtstrom (Einheit Lumen(lm)) an, der auf die Flächeneinheit (m^2) fällt. Sie wird deshalb in lm/m^2 (= Lux) angegeben.

5 Anzugeben sind hier folgende Arten von Strahlung:
1) α-Strahlung, d.h. Helium-Kerne (doppelt positiv geladen)
2) β-Strahlung, d.h. Elektronen
3) γ-Strahlung, d.h. elektromagnetische Strahlung

6 Die gesuchten Mechanismen sind:
1) Bremsstrahlung, die bei dem Abbremsen der Elektronen auftritt;
2) Charakteristische Strahlung durch Anregung der Atome des Materials der Anode.

7 Wegen des Zusammenhanges von kinetischer Energie der Elektronen und Beschleunigungsarbeit

$\frac{1}{2} m\, v^2 = e\, U$ gilt $v \sim \sqrt{U}$

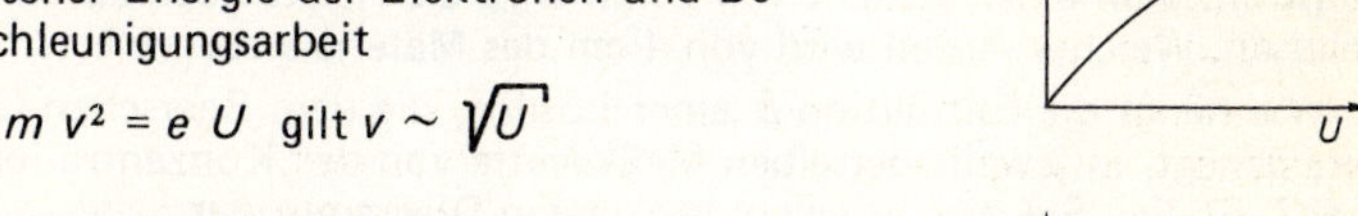

8 Wegen des Zusammenhanges

$\frac{1}{2} m\, v^2 = W = e\, U$ gilt $W \sim U$

und man erhält:

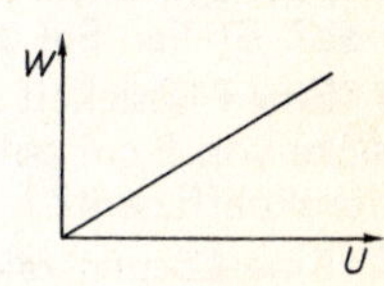

9 Der Wirkungsgrad ist hier das Verhältnis von Röntgen-Strahlungsleistung zur insgesamt zugeführten elektrischen Leistung. Er beträgt etwa 1%.

10 Ja, man kann sie zur Schattenabbildung durch Punktprojektion einsetzen. Dabei können auch schon Objektgebiete unterschiedlicher Röntgen-‚Transparenz' zur Bildentstehung beitragen.

7.3 Wechselwirkung mit Materie, Extinktion, Dosimetrie

1 Ordnen Sie vergleichend nach der Durchdringungsfähigkeit
1) α-Strahlung 2) β-Strahlung 3) γ-Strahlung

2 Ist das exponentielle Absorptionsgesetz gültig für:
1) α-Strahlung ja/nein (Nichtzutreffendes streichen)
2) monochromatische γ-Strahlung ja/nein
3) polychromatische γ-Strahlung ja/nein

3 Welche der nachstehenden Arten von Strahlung zeigt die angegebenen Wirkungen?

	α-Strahlung	IR-Strahlung	Röntgenstrahlung
Ionisation	☐	☐	☐
Defekte in chemischen Strukturen	☐	☐	☐
Anregung von Molekülschwingungen	☐	☐	☐

4 Welche Dimension (Größenart) weist auf:

1) ein Absorptionskoeffizient α: ....

2) die Extinktion $E = \lg \frac{I_0}{I}$: ....

5 Eine Röntgenstrahlung erfährt in Materie eine exponentielle Absorption. Von einer Schicht von 2 mm wird die Hälfte noch durchgelassen. Welcher Anteil wird von 1 cm des Materials absorbiert?

6 Wie hängt die Extinktion E einer Lösung, die dem Beerschen Gesetz genügt, in jeweils derselben Meßküvette von der Konzentration c ab? Stellen Sie dies in einem geeigneten Diagramm dar.

7 Eine Flüssigkeit schwächt das verwendete Meßlicht in einer Schichtdicke von 5 cm auf die Hälfte. Wie groß ist der zugehörige Absorptionskoeffizient?

8 Eine Lösung zeigt unter gegebenen Meßbedingungen eine Durchlässigkeit $D = 12{,}5\,\%$. Welche Durchlässigkeit ist bei Verringerung der Konzentration auf ein Drittel zu erwarten?

9 Eine Lösung (Konzentration c_1) zeigt bei gegebenen Meßbedingungen eine Durchlässigkeit $D_1 = 80\,\%$. Welche Durchlässigkeit D_2 ist bei der Konzentration $c_2 = 2\,c_1$ zu erwarten, wenn das Lambert-Beersche Gesetz erfüllt ist?

10 Geben Sie zu den folgenden Größen passenden SI-Einheiten (-Kombinationen) an:

1) Energiedosis .... 2) Energiedosisleistung ....

3) Ionendosis .... 4) Ionendosisleistung ....

1 Für die Emission gilt
1) glühende Gase: Linienspektren
2) glühende feste Körper: kontinuierliche Spektren

2 Bandenspektren treten auf bei Änderungen des:
1) Schwingungszustandes und/oder des
2) Rotationszustandes von Molekülen.

3 Infrarot-Schwingungsspektren findet man bei:
1) molekularen Gasen: ja 2) Edelgasen: nein
3) organischen Molekülen: ja

4 Es gilt $W \sim \nu$, wie anhand des Photoeffekts festgestellt werden kann.

5 Es gilt für die Ausbreitung jeder Welle:

$$c_v = \lambda_v \cdot \nu \quad \text{und} \quad c_m = \frac{c_v}{n} = \frac{\lambda_v}{n} \nu = \lambda_m \cdot \nu$$

woraus für das Photon folgt: $W = h\,\nu = \dfrac{h \cdot c_m}{\lambda_m} = \dfrac{h \cdot c_v}{n \cdot \lambda_m} = \dfrac{h \cdot c_v}{\lambda_v}$

6 Richtig sind:	evakuiert	Gasfüllung	feste od.flüss.Materie
Zählrohr	☐	☒	☐
Ionisationskammer	☐	☒	☐
Szintillationszähler	☐	☐	☒

7 Lösung:	Ionisationskammer	Lumineszenz	Photogr.Schichten
Röntgenstrahlung	☒	☒	☒
β-Strahlung	☒	☒	☒
sichtbares Licht	☐	☒	☒

8 Bei wachsender Einstrahlungsintensität gilt:
Thermoelement: Thermospannung nimmt zu
Ionisationskammer: Sättigungsstromstärke nimmt zu
Photowiderstand: Widerstand nimmt ab

9 Es ist das Zählrohr. Die primär entstehenden Ionen werden im elektrischen Feld soweit beschleunigt, daß durch Stoßionisation eine Vervielfachung der im Meßkreis transportierten Ladung erreicht wird.

10 Im Bereich *c* liegt der günstigste Arbeitspunkt, weil dort die geringste Spannungsabhängigkeit der Sättigungsstromstärke auftritt. Letztere ist dann im wesentlichen durch die Intensität der einfallenden Strahlung bestimmt, was im Hinblick auf eine zuverlässige Messung angestrebt wird.

8 Atomistische Struktur der Materie

8.1 Atome, Moleküle, kondensierte Materie, Stoffmenge

1 Wie hängen Avogadrokonstante, Elementarladung und Faradaykonstante zusammen?

2 Welche Stoffmenge Wasser ist in einem Liter flüssigen Wassers ungefähr enthalten?

3 Welche Masse (in Gramm) hat ungefähr ein Sauerstoff-Molekül? Suchen Sie die Antwort mit Hilfe von Größen, die ohne Nachschlagen bekannt sein sollten.

4 Ermitteln Sie ohne Nachschlagen von Tabellenwerten mittels der Avogadrokonstante den absoluten Wert einer atomaren Masseneinheit 1 u.

5 Welche funktionale Abhängigkeit besteht zwischen dem Druck eines idealen Gases und der mittleren kinetischen Energie $\overline{w_k}$ seiner Moleküle, wenn es in ein gegebenes Volumen V eingeschlossen ist?

6 Die Abstände der Elementarbausteine kristalliner Festkörper sind bestimmt durch:

1) .... und

2) ....

7 Wie kann man räumlich-periodische Strukturen kristalliner Festkörper nachweisen?

8 Kann man die Kristallstruktur von Stoffen nur an ausgedehnten Einkristallen untersuchen, oder ist es auch an Pulvern möglich?

9 Welches Volumen wird (im Mittel) von einem Atom in festem (kristallinem) Aluminium eingenommen? Daten zur Bearbeitung: molare Masse von Al 27 g/mol; Dichte von Al $\rho = 2{,}7\ \text{g/cm}^3$.

10 Welche Kantenlänge l hätte ein Würfel, der das (mittlere) Volumen eines Atoms im Gitter eines bekannten Stoffes repräsentiert, wenn dafür gilt $V = 1{,}6 \cdot 10^{-23}\ \text{cm}^3$?

1 Durchdringungsfähigkeit:

1) α-Strahlung am geringsten (sehr dünnes Papier)
2) β-Strahlung mittel (dünne Bücher)
3) γ-Strahlung am größten (sehr viele Bücher)

2 Exponentielle Absorption:

1) α-Strahlung nein
2) monochromatische γ-Strahlung ja
3) polychromatische γ-Strahlung nein

3

Strahlungswirkungen	α-Strahlung	IR-Strahlung	Röntgenstrahlung
Ionisation	☒	☐	☒
Defekte in chemischen Strukturen	☒	☐	☒
Anregung von Molekülspektren	☐	☒	☐

4 Dimensionen:

1) ein Absorptionskoeffizient α: $(\text{Länge})^{-1}$
2) die Extinktion $E = \lg(I_0/I)$: reine Zahl (dimensionslos)

5 Hier entsprechen 2 mm der Halbwertsdicke. Bei 1 cm sind 5 Halbwertsdicken wirksam. Also wird nur noch $(\frac{1}{2})^5 = \frac{1}{32}$ der Einstrahlungsintensität durchgelassen. Daher werden etwa 97 % absorbiert.

6 Wegen $E = \lg \frac{I_0}{I} \sim \alpha \sim c$

gilt:

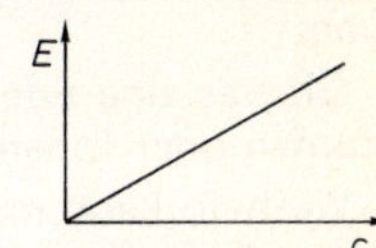

7 Für den Absorptionskoeffizienten α und die Halbwertsdicke $S_{1/2}$ gilt $S_{1/2} = \ln 2/\alpha = 0{,}69/\alpha$ und daher in dem gegebenen Fall:
$\alpha = 0{,}69 / (5\,\text{cm}) = 0{,}138\,\text{cm}^{-1} = 13{,}8\,\text{m}^{-1}$

8 Mit den angegebenen Daten erhält man:

$$E_1 = \lg \frac{I_0}{I_1} = \lg \frac{100}{D_1} = \lg 8 = \lg 2^3 = 3 \lg 2 \quad \text{und}$$

$$E_2 = \frac{1}{3} E_1 = \frac{1}{3} \lg 2^3 = \frac{1}{3}(3 \lg 2) = \lg 2 = \lg \frac{100}{50}$$

Somit folgt für die Durchlässigkeit $D_2 = 50\%$

9 Hier gilt:

$$E_1 = \lg \frac{I_0}{I_1} = \lg \frac{100}{80} \sim c_1 \quad \text{und} \quad E_2 = \lg \frac{I_0}{I_2} = \lg \frac{100}{D_2} \sim c_2 = 2\,c_2$$

folglich gilt: $c_2 = 2\,c_1 = 2 \lg \frac{I_0}{I_1} = \lg (\frac{I_0}{I_1})^2 = \lg \frac{10^4}{80^2} = \lg \frac{100}{64}$

und damit für die gesuchte Durchlässigkeit $D_2 = 64\,\%$.

10 Mit den gesuchten Ergänzungen erhält man:

1) Energiedosis Ws/kg
2) Energiedosisleistung W/kg
3) Ionendosis As/kg
4) Ionendosisleistung A/kg

8.2 Atomhülle, Spektren, Periodisches System

1 In welcher Größenordnung liegen die Radien der

1) Atomhüllen: ....

2) Atomkerne: ....

2 In welchem Verhältnis steht die im Kern eines Atoms befindliche Masse zur Masse des gesamten neutralen Atoms?

3 Stellen Sie in einem Wellenlänge(λ)-Frequenz(ν)-Diagramm schematisch dar, auf welcher Kurve Spektrallinien im sichtbaren Licht liegen.

4 Welche Frequenzen ν_{blau} und ν_{rot} entsprechen etwa den bei $\lambda_{blau} \approx 400\,nm$ und $\lambda_{rot} \approx 750\,nm$ liegenden Grenzen des sichtbaren Spektrums? (Mit dem Wert der Lichtgeschw. berechnen.)

5 Ist die Ionisierungsenergie eines Atoms stets größer als die Photonenenergien, die bei Übergängen des Leuchtelektrons zwischen verschiedenen Niveaus emittiert werden können? (mit Begründung)

6 Gibt es eine Edelgaskonfiguration in der Elektronenhülle von Atomen oder Ionen nur bei den Edelgasen?

7 Weshalb kann man die (charakteristischen) Röntgenspektren der Elemente für quantitative Analysen ausnutzen, ohne auf die chemische Bindung Rücksicht nehmen zu müssen (z.B. bei der Röntgenfluoreszenzanalyse)?

8 Werden in einer Röntgenröhre stets auch die energiereichsten Linien des charakteristischen Spektrums des Anodenmaterials angeregt?

9 Mit welchen Elementen beginnen die ersten drei Schalen in der Aufbaufolge des periodischen Systems der Elemente?

10 Mit welchen Elementen werden die ersten drei Schalen in der Aufbaufolge des periodischen Systems der Elemente abgeschlossen?

1 Zwischen den angegebenen Größen besteht die Beziehung:
$F = N_A \cdot e$

2 Die molare Masse von Wasser beträgt 18 g/mol. In einem Liter Wasser sind 1000 g Wasser enthalten. Demnach erhält man:

$$\text{Stoffmenge} = \frac{1000\,\text{g}}{18\,\text{g/mol}} = \frac{1000}{18}\,\text{mol} \approx 55\,\text{mol}$$

3 Die molare Masse von Sauerstoff (O_2) beträgt 32 g/mol.
Für die Masse eines einzelnen Moleküls ergibt sich daraus:

$$\frac{32\,\text{g/mol}}{6 \cdot 10^{23}\,\text{mol}^{-1}} \approx 5{,}3 \cdot 10^{-23}\,\text{g}.$$

4 Es bestehen folgende Zusammenhänge:
12 g Kohlenstoff = N_A = $6 \cdot 10^{23}$ Teilchen/mol und

$1\,\text{u} = \frac{1}{12}$ Masse eines Atoms des Nuklids ^{12}C. Somit erhält man:

$$1\,\text{u} = \frac{\frac{1}{12}(12\,\text{g})}{6 \cdot 10^{23}} \approx 1{,}6 \cdot 10^{-24}\,\text{g} = 1{,}6 \cdot 10^{-27}\,\text{kg}$$

5 Es gilt $\overline{w_k} \sim T$ und $p \sim T$ bei V = const.
Deshalb besteht auch der Zusammenhang $\overline{w_k} \sim p$

6 Die Anordnung der Elementarbausteine von Festkörpern stellt sich jeweils so ein, daß
1) Anziehungskräfte und
2) Abstoßungskräfte sich gerade kompensieren.

7 Dazu eignet sich Röntgenstrahlung unter Verwendung des Laue- oder des Debye-Scherrer-Verfahrens. (Es gibt auch noch andere Möglichkeiten)

8 Ja, man kann auch Pulver untersuchen. Dafür eignet sich das Debye-Scherrer-Verfahren, bei dem monochromatische Strahlung benutzt und Interferenzringe zur Auswertung verwendet werden.

9 Es gilt $1\,\text{cm}^3 \mathrel{\hat{=}} 2{,}7\,\text{g} \mathrel{\hat{=}} 0{,}1\,\text{mol}$. Somit erhält man hier auch $1\,\text{cm}^3 \mathrel{\hat{=}} 6 \cdot 10^{22}$ Atome, woraus sich nun das Volumen je Atom

$$= \frac{1\,\text{cm}^3}{6 \cdot 10^{22}} = 0{,}16 \cdot 10^{-22}\,\text{cm}^3 = 1{,}6 \cdot 10^{-23}\,\text{cm}^3 \text{ ergibt.}$$

10 Es gilt $l^3 = V$ und entsprechend $l = V^{1/3} = (1{,}6 \cdot 10^{-23}\,\text{cm}^3)^{1/3}$
$= (16 \cdot 10^{-24}\,\text{cm}^3)^{1/3} = \sqrt[3]{16} \cdot 10^{-8}\,\text{cm} \approx 2{,}5 \cdot 10^{-8}\,\text{cm} = 2{,}5 \cdot 10^{-10}\,\text{m}.$

8.3 Atomkerne, Radioaktivität, Zerfallsgesetz

1 Ergänzen Sie:

1) Zu den Nukleonen gehören .... und ....
2) Neutronenzahl = Nukleonenzahl – ....
3) Isotope stimmen jeweils überein in der ....

2 Nach einem radioaktiven Prozeß ist der entstehende Kern verändert:

	Nukleonenzahl	Protonenzahl	Neutronenzahl
α-Emission	....	....	....
β-Emission	....	....	....
γ-Emission	....	....	....

3 Vervollständigen Sie die nachstehende Darstellung eines radioaktiven Vorganges: $^{32}_{15}P \rightarrow {}^{32}_{16}S +$

4 Welche der folgenden Nuklide sind Isotope?

$^{31}_{15}P$, $^{32}_{15}P$ und $^{32}_{16}S$

5 In einem Organ ist eine radioaktive Verbindung eingelagert. Wie läßt sich die zeitliche Änderung der Aktivität A bei vernachlässigbarem Abbau (Ausscheidung) darstellen?

1) Exponentialform: ....
2) logarith. Form: ....

6 Wie kann man das Zerfallsgesetz unter Verwendung der ‚mittleren Lebensdauer' τ als der das strahlende Nuklid charakterisierenden Größe darstellen und damit die zeitliche Änderung der Aktivität schreiben:

1) Exponentialform: ....
2) logarithm. Form: ....

7 Welche Dimensionen weisen die nachstehenden Größen auf?

1) Aktivität ....
2) Zerfallskonstante ....
3) Halbwertszeit ....
4) mittlere Lebensdauer ....

8 Bei der Radioaktivität gilt für die Zerfallskonstante λ:

1) Zeitabhängigkeit ja/nein
2) Druckabhängigkeit ja/nein
3) Temperaturabhängigkeit ja/nein
4) Abhängigkeit von der chem. Bindung ja/nein

9 Wie hängen bei einem Zerfallsvorgang jeweils die ‚mittlere Lebensdauer' τ, die Halbwertszeit T_H und die Zerfallskonstante λ zusammen?

10 Auf welchen Bruchteil (in Prozent) geht die Zahl N der jeweils noch zerfallsfähigen Kerne eines radioaktiven Stoffes zurück, wenn die mittlere Lebensdauer τ verstrichen ist?

1 Hier gilt:
1) Atomhüllen etwa 10^{-8} cm = 10^{-10} m
2) Atomkerne etwa 10^{-12} cm = 10^{-14} m

2 Dieses Verhältnis entspricht etwa 99,9%. Das läßt sich noch genauer ermitteln, wenn im konkreten Fall die Massen der Elektronen und die der Kernbausteine berücksichtigt werden; man kommt dabei mit dem Verhältnis der Massen der entsprechenden Elementarteilchen aus.

3 Wegen
$c = \nu \cdot \lambda$ gilt:

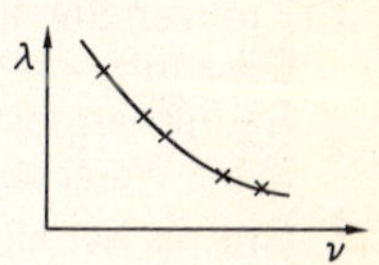

4 Aus $c = \nu \cdot \lambda$ folgt:

$$\nu_{\text{blau}} = \frac{c}{\lambda_{\text{blau}}} = \frac{3 \cdot 10^8 \text{ m/s}}{400 \text{ nm}} = \frac{3 \cdot 10^8 \text{ m/s}}{4 \cdot 10^{-7} \text{ m}} = \frac{3}{4} \cdot 10^{15} \text{ s}^{-1} = 7{,}5 \cdot 10^{14} \text{ Hz}$$

und

$$\nu_{\text{rot}} = \frac{c}{\lambda_{\text{rot}}} = \frac{3 \cdot 10^8 \text{ m/s}}{750 \text{ nm}} = \frac{3 \cdot 10^8 \text{ m/s}}{7{,}5 \cdot 10^{-7} \text{ m}} = 0{,}4 \cdot 10^{15} \text{ s}^{-1} = 4 \cdot 10^{14} \text{ Hz}$$

5 Ja, weil die Abtrennung (Ionisierung) die größte Energie erfordert, wenn man das äußerste (Leucht-)Elektron betrachtet. Für innere Elektronen gilt das nicht, weil deren Röntgenübergänge mit der Emission viel energiereicherer Photonen verbunden sein können, als die Ionisierungsenergie für das äußerste Elektron.

6 Nein, auch bei anderen Stoffen kann durch Entfernung oder Hinzutreten von Elektronen eine abgeschlossene äußere Schale erreicht werden, bei der dann eine Edelgaskonfiguration vorliegt.

7 Der chemische Bindungszustand beeinflußt im wesentlichen die äußere Elektronenhülle, weshalb die inneren Röntgenübergänge davon im wesentlichen unbeeinflußt bleiben.

8 Nein, es kann durchaus sein, daß die Betriebsspannung so gering ist, daß die Auftreffenergie der Elektronen nicht zur Anregung dieser Linien ausreicht.

9 Die ersten drei Schalen beginnen mit den Elementen:
Wasserstoff (H), Lithium (Li) und Natrium (Na)

10 Die ersten drei Schalen werden abgeschlossen mit je einem Edelgas und zwar:
Helium (He), Neon (Ne) und Argon (Ar)

9 Regelung und Information

9.1 Steuerung und Regelung

1 Eine Steuerung kann angewendet werden auf
Massenfluß ja/nein (Nichtzutreffendes streichen)
Energiefluß ja/nein
Informationsfluß ja/nein

2 Kreuzen Sie die Zuordnung an:

	Steuerung	Regelung
Schaltuhrbetätigte Beleuchtung	☐	☐
Raumthermostatisierung	☐	☐
Münz-Warenautomat	☐	☐

3 Gibt es bei einem Brutschrank für bakteriologische Zwecke, der mittels Schaltuhr in und außer Betrieb gesetzt wird, ‚Steuer-' und/oder ‚Regel-Eigenschaften'?

4 Stellt eine Uhr ein Regelsystem dar? (Antwort mit Begründung)

5 Welche Anordnung ist ein Regelsystem?
1) Temperaturkonstanthaltung mittels Wasser-Eis-Gemisch;
2) Wasserstandkonstanthaltung mittels Überlauf;
3) Druckregler für Labor-Armaturen.

6 Bei dem Regelkreis ‚Auge' entspricht das ‚Stellglied'

....

7 Ist Autofahren in einer Fahrspur einer breiten Straße ein Regelvorgang? (Antwort mit Begründung)

8 Ordnen Sie den nachstehenden Begriffen eines Regelsystems deren Realisierung beim Segeln auf einem See zu.

Führungsgröße ....

Ist-Wert ....

Stellglied ....

Störeinwirkung ....

9 Ein Regelsystem kompensiert meistens einen Störeinfluß mit etwas zeitlicher Verzögerung. Welche Verlaufsformen findet man hauptsächlich?

1) ....

2) ....

10 Was geschieht, wenn bei einer geschlossenen Wirkungskette die Kopplung so erfolgt, daß bei einer Abweichung des Ist-Wertes vom Soll-Wert der Unterschied noch vergrößert wird?

1 1) Zu den Nukleonen gehören Protonen und Neutronen
2) Neutronenzahl = Nukleonenzahl – Protonenzahl
3) Isotope stimmen jeweils überein in der Protonenzahl

2 Beim entstehenden Kern:

	Nukleonen-zahl	Protonen-zahl	Neutronen-zahl
α-Emission	-4	-2	-2
β-Emission	gleich	+1	-1
γ-Emission	gleich	gleich	gleich

3 Hier gilt:
${}^{32}_{15}P \rightarrow {}^{32}_{16}S + \beta$; es liegt ein Beta-Zerfall vor.

4 Isotop, d.h. Nuklide mit gleicher Kernladungszahl sind ${}^{31}_{15}P$ und ${}^{32}_{15}P$.

5 Für den zeitlichen Verlauf der Aktivität gilt:
1) Exponentialform $A = A_o \exp\{-\lambda t\}$
2) logarithm. Form $\ln(A/A_o) = -\lambda t$

6 Unter Verwendung der mittleren Lebensdauer τ kann das Zerfallsgesetz geschrieben werden, wenn man $\tau = 1/\lambda$ beachtet:
1) Exponentialform $A = A_o \exp\{-t/\tau\}$
2) logarithm. Form $\ln(A/A_o) = -t/\tau$

7 Die gesuchten Dimensionen (Größenarten) sind:
1) Aktivität $(\text{Zeit})^{-1}$
2) Zerfallskonstante $(\text{Zeit})^{-1}$
3) Halbwertszeit Zeit
4) mittlere Lebensdauer Zeit

8 Bei der Radioaktivität gilt für die Zerfallskonstante:
1) Zeitabhängigkeit nein
2) Druckabhängigkeit nein
3) Temperaturabhängigkeit nein
4) Abhängigkeit von der chem. Bindung nein

9 Für den Zusammenhang zwischen τ, T_H und λ gilt:

$$\lambda = \frac{1}{\tau} = \frac{0{,}69}{T_H} \quad \text{bzw.} \quad T_H \approx 0{,}7\,\tau$$

$$\tau = \frac{1}{\lambda} = \frac{T_H}{0{,}69} \approx 1{,}4\,T_H$$

10 Aus dem Zerfallsgesetz
$N = N_o \exp\{-\lambda t\} = N_o \exp\{-t/\tau\}$ erhält man für $t = \tau$

$$N/N_o = \exp\{-1\} = \frac{1}{2{,}718} \approx 0{,}37 = 37\,\%$$

9.2 Information und ihre Übertragung

1 Skizzieren Sie schematisch die Funktionsgruppen einer Informationskette.

2 Ordnen Sie den fünf Funktionsgruppen einer Informationskette die entsprechenden Vorgänge bei einer Telegramm-Übermittlung zu.

3 Sind Signale stets mit physikalisch faßbaren Sachverhalten verknüpft?

4 Enthalten übliche Verkehrssignalanlagen außer der Farbe noch Informationsmöglichkeiten (z.B. für Farbenblinde)?

5 Bei einer Verkehrssignalanlage gibt es die Zustände: grün, gelb, rot sowie (rot + gelb). Wieviele Binärzeichen zu je m (Anzahl) muß ein ‚Alphabet' zur Darstellung dieser Sachverhalte umfassen und wie lauten diese Möglichkeiten im einzelnen?

6 Wieviele ‚Buchstaben' hat das ‚Alphabet' des genetischen Codes?

7 Man kann das normale lateinische Alphabet mit lauter gleich großen Gruppen von Binärzeichen eindeutig darstellen. Wieviele (m) Binärzeichen müssen diese Gruppen mindestens enthalten?

8 Welchen Vorteil kann die Codierung von Nachrichten (auch bei der Sinneswahrnehmung) ergeben? (Antwort mit Begründung)

9 Die Restitutionsdauer (Erholungsphase) bei der Signalweitergabe im Nervensystem beträgt etwa 1 ms. Wie groß ist demnach ungefähr die größte erreichbare Kanalkapazität C?

10 Handelt es sich um eine Nachricht und zugleich um Information, wenn jemandem die Zeitung von gestern, die er bereits gelesen hat, nochmals zugestellt wird?

1 Eine Steuerung kann angewendet werden auf: alle drei, d.h. Massenfluß, Energiefluß und Informationsfluß.

2 Folgende Zuordnung gilt:

	Steuerung	Regelung
Schaltuhrbetätigte Beleuchtung	☒	☐
Raumthermostatisierung	☐	☒
Münz-Warenautomat	☒	☐

3 Bei einem solchen Brutschrank findet man üblicherweise beide Systemarten, und zwar:
Steuersystem hinsichtlich der Funktion des Schaltuhr-Programms;
Regelsystem in jenem Teil, der für die Einhaltung der Soll-Temperatur sorgt.

4 Nein, bei einer Uhr findet kein fortlaufender Vergleich der Anzeige mit einem Soll-Wert statt; also handelt es sich nicht um ein Regelsystem.

5 Nur bei 3) liegt ein Regelsystem vor, während 1) und 2) lediglich Stabilisierungsanordnungen sind.

6 Beim Regelkreis ‚Auge' wird der Lichtstrom durch die Pupille beeinflußt, um auf der Netzhaut eine geeignete Beleuchtungsstärke zu erzielen. Deshalb ist hier das Stellglied die Pupillenöffnung.

7 Ja, weil laufend der Ist-Wert (tatsächliche Fahrspurlage) mit dem Soll-Wert (gewünschte Fahrspurlage) verglichen wird und bei auftretenden Abweichungen Lenkmaßnahmen zur Verringerung der Abweichung getroffen werden.

8 Für das Segeln können folgende Zuordnungen getroffen werden:

Führungsgröße	Soll-Kurs
Ist-Wert	Ist-Kurs
Stellglied	Steuer-Ruder
Störeinwirkung	Schwankungen von Windstärke und -richtung sowie evtl. Seegang

9 Die hauptsächlich auftretenden Verlaufsformen sind:
1) kriechende Einstellung
2) Überschwingen

10 Bei einer solchen Situation wird einer eintretenden Störung nicht entgegengewirkt, sondern – im Gegenteil – sie erfährt noch eine Vergrößerung. Das bezeichnet man als Mitkopplung (statt Gegenkopplung bei üblicher Regelung), die meist zur Schwingungsanfachung führt.

10 Mathematische Hilfsmittel

10.1 Geometrie, Winkelfunktionen, Vektoren

1 Welches Volumen (in cm^3) hat ein Quader mit den Kantenlängen $a = 0{,}03$ m, $b = 6$ mm und $c = 5$ cm?

2 Welche funktionelle Abhängigkeit besteht zwischen Oberfläche A und Volumen V bei
1) einem Würfel mit der Kantenlänge a?
2) einer Kugel mit dem Radius r?

3 Wie lautet die Darstellung des Winkels $\varphi = \frac{2}{3}\pi$ im Grad-Maß?

4 Wie groß ist bei einem rechtwinkligen Dreieck mit den Winkeln α, β und γ der Ausdruck $\sin^2\alpha + \sin^2\beta + \sin^2\gamma =$?

5 Bei welchen Argumentwerten erreicht die Funktion $A = \hat{A} \cos\omega t$ ihre Extremwerte?

6 Welche der nachstehenden Symmetriezusammenhänge gelten?
$\sin\varphi = \sin(\pi - \varphi)$; $\sin\varphi = \sin(2\pi - \varphi)$; $\sin(-\varphi) = -\sin\varphi$

7 Tragen Sie zu den hier angegebenen Vektoren $\vec{a}$ und $\vec{b}$ den Resultatvektor $\vec{c} = \vec{a} - \vec{b}$ ein.

8 Wie kann man diese vier Vektoren $\vec{a}$, $\vec{b}$, $\vec{c}$ und $\vec{d}$ nach den Regeln der Vektoraddition umzeichnen, um damit das bereits anschaulich deutliche Resultat nachzuweisen?

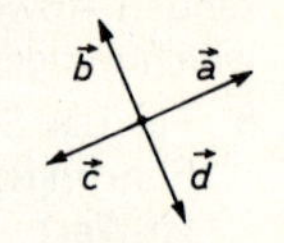

9 Wie groß ist das Skalarprodukt W zweier senkrecht zueinander stehender vektorieller Größen $\vec{F}$ und $\vec{s}$?

10 Wie groß ist die Lorentzkraft $\vec{F}$, wenn ein geladenes Teilchen (Ladung q) mit der Geschwindigkeit $\vec{v}$ parallel zur magnetischen Flußdichte $\vec{B}$ in ein homogenes Magnetfeld eingeschossen wird?

1 Ihre Skizze sollte etwa folgenden Sachverhalt wiedergeben:

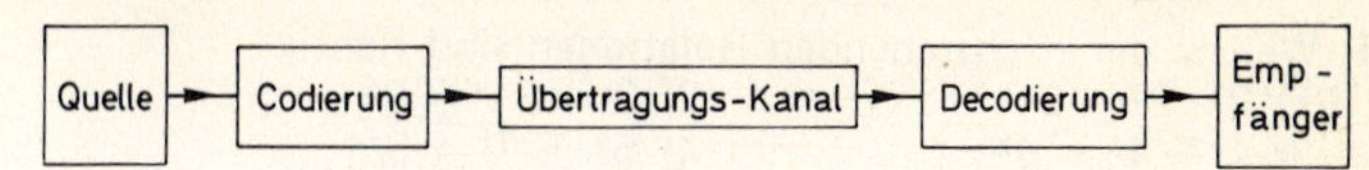

2 Zuordnungen: Quelle – Telegramm-Text
Codierung – Umsetzung in Stromstoß-Folge
Kanal – Übertragung mit elektrischen Systemen
Decodierung – Rückübersetzung in Klartext
Empfänger – Lesen der Nachricht

3 Ja, denn solche Zeichen müssen stets materiell realisiert werden.

4 Ja, die standardisierte Anordnung rot, gelb, grün (von oben nach unten) gestattet bei Sichtmöglichkeit auf den Lampenträger zusätzlich aus der Stellung der gerade leuchtenden Lampe(n) das Signal abzulesen (z.B. durch Farbenblinde).

5 Die vier genannten Möglichkeiten lassen sich mit 2^m Varianten darstellen, wenn $m = 2$ ist. Im einzelnen sind es 00, 01, 10 und 11.

6 Es sind vier ‚Buchstaben', nämlich die aromatischen Basen: A = Adenin, C = Cystosin, G = Guanin und T = Thymin.

7 Gruppen mit m Binärzeichen lassen 2^m verschiedene Möglichkeiten zu. Da $m = 4$ nur 16 verschiedene Buchstaben eindeutig zuordnen ließe, muß man $m = 5$ nehmen, wozu $2^5 = 32$ Möglichkeiten gehören, die für das normale lateinische Alphabet ausreichen.

8 Die Umsetzung von Nachrichten in andere Zeichen (Codierung) läßt oft eine Darstellung erreichen, die für die Übertragung sowie Speicherung und Weiterverarbeitung (z.B. im Gehirn) günstiger ist.

9 Da die schnellste Signalsequenz bei 1 ms liegt, können demnach günstigstenfalls 1000 bit/s übertragen werden.

10 Die gleiche Nachricht enthält für den Empfänger keine Information, weil sein Nichtwissen in diesem Falle keine Veränderung erfahren kann.

10.2 Potenzrechnung, Logarithmus, Funktionen

1 Welche der nachstehenden Relationen sind richtig?

1) $2^2 \cdot 2^3 = 2^6$ 2) $3^{-2} \cdot 3^{-3} = 3^6$
3) $4^{-3} \cdot 4^5 = 4^2$ 4) $5^7 \cdot 5^{-11} = 5^{-4}$

2 Die auf die Hörschwelle bezogene Schallintensität an einem Arbeitsplatz ist 10^5-fach größer. Eine Schalldämmung schwächt diese auf ein Hundertstel. Welche Intensität verbleibt?

3 Welche Dimension (physikalische Größenart) muß stets der Exponent einer Potenzfunktion aufweisen?

4 Wie groß sind (zu ermitteln ohne Tabelle oder Rechner)?

1) $\ln 100 =$
2) $\ln 1000 =$

5 In einem Diagramm mit logarithmischer Ordinaten- und linearer Abzissen-Skala erscheinen welche der folgenden Funktionen als Geraden?

1) $y = a \cdot \lg x$ 2) $y = a + b \cdot \lg x$
2) $y = a \cdot \ln x^b$ 4) $y = a - b \cdot \ln x$

6 In einem Diagramm mit linearer Abszissen- und Ordinatenskala erscheinen die folgenden Funktionen (mit $a \neq 0$, $b \neq 0$ und $x > 0$)
$y = a + bx$, $y = a + bx^{-1}$, $y = a \cdot bx$ und $y = a \cdot bx^{-1}$

1) als Geraden ....

2) als gekrümmte Kurven ....

7 Welchem Grenzwert nähert sich die Funktion

$y = \frac{a^{2x}}{2 + a^{3x}}$ wenn $x \to +\infty$ geht?

8 Welchem Grenzwert strebt die Funktion

$y = \frac{3 + e^x}{5 + 10^x}$ für $x \to +\infty$ zu?

9 Wie lautet der arithmetische Mittelwert der Funktion
$y = a + b \cdot \cos\omega t$ für große Zeitintervalle?

10 Geben Sie vier periodische Funktionen und den jeweils dazu gleich großen Wert an, der eine Periode weiter auftritt.

1) .... 2) ....

3) .... 4) ....

1 Unter Beachtung der verschiedenen verwendeten Einheiten gilt:
$V = a \cdot b \cdot c = 3\,\text{cm} \cdot 0{,}6\,\text{cm} \cdot 5\,\text{cm} = 9\,\text{cm}^3$

2 Es gelten folgende Relationen:
1) Würfel: $A \sim a^2$ und $V \sim a^3$ woraus folgt $V \sim A^{3/2}$
2) Kugel: $A \sim r^2$ und $V \sim r^3$ woraus folgt $V \sim A^{3/2}$

3 Wegen $2\pi \mathrel{\widehat{=}} 360°$ gilt

$$\varphi = \frac{2\pi}{3} \cdot \frac{360}{2\pi} = 120°$$

4 Ohne Einschränkung der Allgemeinheit kann man annehmen, daß der rechte Winkel mit γ bezeichnet werden darf, also $\gamma = 90°$, womit man zugleich $\sin^2\gamma = 1$ erhält. Ferner gilt gemäß Definition:
$\sin\alpha = \frac{a}{c}$ und $\sin\beta = \frac{b}{c}$. Unter Beachtung des Phytagorassatzes folgt:

$$\sin^2\alpha + \sin^2\beta + 1 = \frac{a^2}{c^2} + \frac{b^2}{c^2} + 1 = \frac{a^2 + b^2}{c^2} + 1 = 1 + 1 = 2$$

5 Maxima werden erreicht für $\omega t = 0,\ 2\pi,\ 4\pi,\ 6\pi,\ \ldots\ldots..$

Minima treten auf bei $\omega t = \pi,\ 3\pi,\ 5\pi,\ \ldots\ldots\ldots.$

6 Richtig sind nur die Beziehungen:
$\sin\varphi = \sin(\pi - \varphi)$ und $\sin(-\varphi) = -\sin\varphi$

7 Unter Beachtung der Vorzeichen war die hier nebenstehend eingetragene Ergänzung anzugeben:

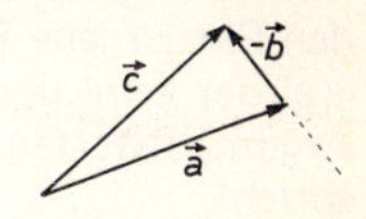

8 Bei der Vektoraddition wird jeweils an das Ende des ersten Vektors der Anfang des zweiten gesetzt usw. So erhält man die nebenstehende Darstellung.

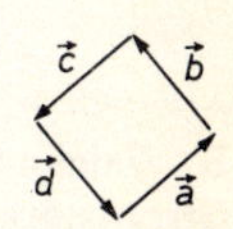

9 Das Skalarprodukt zweier zueinander senkrecht stehender Vektoren ist stets Null.

10 Für die Lorentzkraft $\vec{F}$ gilt:
$\vec{F} = q\,\vec{v} \times \vec{B}$. Dieser Ausdruck wird Null, wenn die beiden das Vektorprodukt bildenden Vektoren parallel stehen, was durch die Vorgaben beschrieben ist.

10.3 Differential- und Integralrechnung

1 Kann man aus einem bekannten Weg-Zeit-Zusammenhang mittels Differentialrechnung den zeitlichen Verlauf der Beschleunigung ermitteln?

2 Bei einer Funktion $f(x)$ ist an der Stelle x_1 die Ableitung $f'(x_1) = 0$. Welche Aussage läßt sich über $f(x_1)$ machen?

3 Eine Funktion hat beim Argumentwert x_2 den Funktionswert $f(x_2) = 0$. Kann man eine Aussage über die Ableitung an dieser Stelle machen?

4 Gibt das Steigungsmaß einer Kurve stets den Winkel an, den die Tangente mit der Abszissenachse bildet?

5 Geben Sie zu den folgenden Funktionen $y = f(x)$ jeweils die zugehörige Ableitung y' an.

1) $y = 3x^2 + 5x$ $y' =$ ....
2) $y = 3\sin\omega t$ $y' =$ ....
3) $y = 2e^{3x}$ $y' =$ ....
4) $y = 3x^{-1}$ $y' =$ ....

6 Gibt es eine Funktion, bei der die Ableitung stets proportional zum jeweiligen Funktionswert an der betreffenden Stelle ist?

7 Schraffieren Sie in der nebenstehenden Skizze jene Fläche, die dem Integral der Funktion $f(x)$ zwischen den Argumentwerten x_1 und x_2 entspricht.

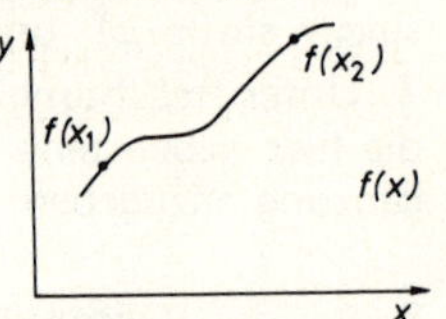

8 Welche Bedeutung hat in einem Stromstärke-Zeit-Diagramm die schraffiert dargestellte Fläche, d.h. $\int I(t)\,dt = ?$

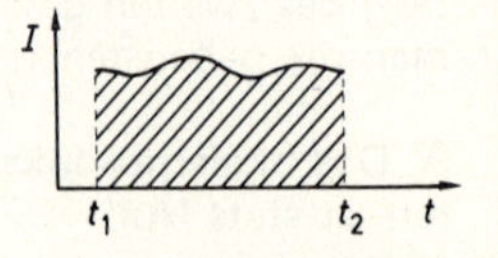

9 Das bei der Integration durchgeführte Verfahren ist für die Beschreibung nachstehender Zusammenhänge/Vorgänge

Hubenergie, Kompressionsarbeit, Licht-Absorption

1) geeignet
2) ungeeignet

10 Welche der folgenden (unbestimmten) Integrationen sind richtig?

1) $\int 3\,x^5 dx = \frac{1}{2}x^6 + \text{const}$ 2) $\int \frac{3}{x^2}dx = \int 3x^{-2}dx = -3x^{-1} + \text{const}$

3) $\int 2\cos x = 2\sin x + \text{const}$ 4) $\int \frac{5}{x}dx = 5x + \text{const}$

1 Richtig sind nur die Relationen
3) $4^{-3} \cdot 4^5 = 4^2$ und 4) $5^7 \cdot 5^{-11} = 5^{-4}$

2 Bezogen auf die Intensität I_0 der Hörschwelle verbleibt nach Ausführung der Schalldämmung: $I = 10^5 \cdot 10^{-2} I_0 = 10^3 I_0$

3 Der Exponent in allen Potenzfunktionen muß stets eine reine Zahl sein, was insbesondere auch bei der für die Naturbeschreibung wichtigen Exponentialfunktion $y = c \cdot e^x$ zu beachten ist.

4 Ohne Tabelle oder Benutzung eines Rechners kommt man mit der Kenntnis des Umrechnungsmodus zwischen dekadischen und natürlichen Logarithmen aus:
1) $\ln 100 = 2{,}3 \cdot \lg 10^2 = 2{,}3 \cdot 2 \cdot \lg 10 = 4{,}6$
2) $\ln 1000 = 2{,}3 \cdot \lg 10^3 = 2{,}3 \cdot 3 \cdot \lg 10 = 6{,}9$

5 In einem solchen halblogarithmischen Diagramm ergeben Funktionen mit additiven Gliedern keine Geraden. Daher findet man einen linearen Verlauf nur für die Beispiele:
1) $y = a \cdot \lg x$ und 3) $y = a \cdot \ln x^b = a \cdot b \cdot \ln x$

6 In einer linearen grafischen Darstellung ergibt sich für die genannten Funktionen:
1) $y = a + bx$ und $y = a \cdot bx$ sind Geraden (linear)
2) $y = a + bx^{-1}$ und $y = a \cdot bx^{-1}$ liefern gekrümmte Kurven.

7 Der Grenzwert läßt sich leichter überblicken, wenn man die angegebene Funktion umformt:
$y = \dfrac{1}{\dfrac{2}{a^{2x}} + a^x}$. Für $x \to +\infty$ wird der Nenner beliebig groß und es folgt $y \to 0$

8 Da von zwei Potenzfunktionen mit gleichem Exponenten jene mit größerer Basis schneller wächst (bei $x > 1$) nimmt der Nenner schneller zu als der Zähler und man erhält $y \to 0$ für $x \to +\infty$

9 Da der arithmetische Mittelwert der Winkelfunktion für viele Perioden Null wird, erhält man hier lediglich noch die additive Konstante, also $y = a$

10 Die hier gesuchten Funktionen und die entsprechenden Zusammenhänge im Hinblick auf die Periodizität sind:
1) $\sin x = \sin(x + 2\pi)$ 2) $\cos x = \cos(x + 2\pi)$
3) $\tan x = \tan(x + \pi)$ 4) $\cot x = \cot(x + \pi)$

Teil P: Prüfungsfragen

Bearbeitung von multiple choice-Fragen

Wann An die Beschäftigung mit solchen Auswahl-Antwort-Fragen sollten Sie erst gehen, wenn Sie den entsprechenden Stoff in Lehrveranstaltungen und/oder nach Durcharbeitung in Ihrem Lehrbuch aufgenommen und dazu einige Übungsaufgaben gelöst haben. Außerdem ist zu empfehlen, darüber sogar einige Wochen verstreichen zu lassen, weil Sie dann besser beurteilen können, welche Inhalte sich Ihnen eingeprägt haben. Es ist davon abzuraten, Sachverhalte nur nachzulesen und dazu ausschließlich m.c.-Fragen zu bearbeiten. Dabei prägen sich leicht einige der jeweils falschen Aussagen (Distraktoren) ein, was in jedem Falle vermieden werden sollte.

Wie Zur Lösung dieser in Prüfungen zur Verwendung kommenden Fragentypen sollten Sie versuchen, sich ausschließlich auf Ihr Gedächtnis zu stützen und nur in Ausnahmefällen den Lehrtext nachzuschlagen. Das ist notfalls immer noch besser, als gleich im Lösungsschlüssel die richtige Antwort einzusehen.

Was ist ferner zweckmäßig, bei der Bearbeitung zu beachten?

1) Zur Vermeidung von Irrtümern sowie für eine rationelle Bearbeitung sollten Sie jeweils den Stamm-Text und das Lösungsschema (Beispiele vgl. S. 104 und 105) erst einmal sorgfältig durchlesen, bevor Sie mit dem Ankreuzen/Schreiben beginnen.
2) Bei Aufgaben-Typen, die mehrere richtige bzw. falsche Aussagen enthalten, bekommen Sie eine bessere Übersicht, wenn Sie in den entsprechenden Zeilen an den Rand einen Vermerk anbringen, ob die jeweilige Aussage richtig oder falsch ist. Die Kennzeichnung mit *‚r'* und *‚f'* ist beim eiligen Arbeiten zuverlässiger als das Setzen von Haken, Kreuzen, Kringeln, usw. Mit den bezeichneten Angaben läßt sich dann ein Lösungsschlüssel bei den Fragen leichter auswerten.
3) Im Laufe der Zeit sollten Sie daran denken, daß die Bearbeitungsleistung von m.c.-Fragen davon abhängt, wie lange Sie für das Auffinden einer Lösung benötigen. Nach der gegenwärtig üblichen Handhabung stehen im Mittel 1 1/2 Minuten je Aufgabe zur Verfügung. Es wäre daher anzuraten, nach Einarbeitung in solche Arten von Fragen mit einer Uhr hin und wieder zu kontrollieren, ob Sie in diesem Teil des Buches auf einer Seite in etwa 12 Minuten zu Ergebnissen gelangen können.

1 Ja, die Beschleunigung läßt sich ermitteln, und zwar durch zweifach nacheinander angewandte Rechenvorschriften der Differentiation.

2 Man kann Aussagen, daß im allgemeinen ein Maximum oder ein Minimum vorliegt, in seltenen Fällen ist auch ein Wendepunkt möglich.

3 Aus einer Nullstelle der Funktion läßt sich keine Aussage über die Ableitung an dieser Stelle machen. Sie kann mit ganz unterschiedlicher Steilheit durch diesen Punkt verlaufen.

4 Nein, im allgemeinen nicht, weil dabei die gerade gewählten Skalenteilungen eine Rolle spielen und im Falle physikalischer Größen die Dimension nicht paßt.

5 Die Funktionen und deren richtige Ableitungen sind:

1) $y = 3x^2 + 5x$ $\quad y' = 6x + 5$
2) $y = 3\sin\omega t$ $\quad y' = 3\omega\cos\omega t$
3) $y = 2e^{3x}$ $\quad y' = 6e^{3x}$
4) $y = 3x^{-1}$ $\quad y' = -3x^{-2}$

6 Ja, es handelt sich um die Exponentialfunktion (e-Funktion). Beispiele sind: Darstellung des radioaktiven Zerfalls, der Absorption von Licht usw. (vgl. Sie auch Ihr Lehrbuch).

7 Die richtige Ausführung der das Integral darstellenden Fläche ist hier eingetragen:

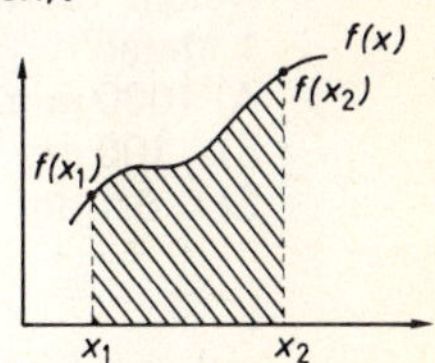

8 Dieses bestimmte Integral stellt die bei dem Vorgang transportierte elektrische Ladung Q dar, also $\int I(t)\,dt = Q$

9 Zur Beschreibung ist die Integration in allen drei hier genannten Fällen geeignet.

10 Richtig sind, wie die Kontrolle mittels Differentiation zeigt, nur 1), 2) und 3), während 4) korrekt folgendermaßen auszuführen wäre:

$$\int \frac{5}{x}dx = 5\ln x + \text{const}$$

Aufgabentypen bei multiple-choice-Fragen

Jede solche Frage besteht aus einem Stamm-Teil und jeweils fünf zur Auswahl gestellten Antwortvarianten A bis E, wovon genau eine die Lösung darstellt. Die Aufgaben können Bilder oder Diagramme enthalten.

Einfach-Auswahl

Zu dem Stamm-Teil der Aufgabe paßt nur eine der fünf angegebenen Antworten/Aussagen.

Beispiel (mit positiver Fragestellung):
Welche der nachstehenden Längen entspricht 1 Meter?
A) 0,01 km
B) 0,1 hm
C) 100 mm
D) 100 cm
E) 1000 cm

Lösung: D

Beispiel (mit negativer Fragestellung):
Welche der nachstehenden Längenangaben entspricht nicht 1 Meter?
A) 1000 mm
B) 100 cm
C) 0,1 dm
D) 0,01 hm
E) 0,001 km

Lösung: C

Zuordnung

Zu jedem Begriff oder jeder Aussage usw. aus der Liste 1 ist die einzige (oder beste) der Antwortmöglichkeiten aus der Liste 2 anzugeben/zuzuordnen.

Beispiel: Geben Sie die einander entsprechenden Längen an.

Liste 1	Liste 2
1) 1 mm	A) 10^{-6} m
2) 1 cm	B) 10^{-4} km
3) 1 m	C) 10^{-3} m
	D) 10^{-3} km
	E) 10^{-2} m

Lösungen: 1 C, 2 E und 3 D

Lösungen 1.2: 1 E, 2 D, 3 C, 4 A, 5 C, 6 C, 7 C, 8 C

Kausale Verknüpfung

Zwei Aussagen sind zunächst einzeln zu prüfen, ob sie richtig oder falsch sind. Falls sie beide zutreffen, muß ferner geprüft werden, ob die kausale Verknüpfung **weil** richtig oder falsch ist. Das Ergebnis läßt sich dann in der nachstehenden Tabelle eindeutig einordnen und der zugehörige Lösungsbuchstabe (Antwort) entnehmen.

Antwort	Aussage 1	Aussage 2	Verknüpfung
A	richtig	richtig	richtig
B	richtig	richtig	falsch
C	richtig	falsch	–
D	falsch	richtig	–
E	falsch	falsch	–

In diesem Buch ist auf den nachfolgenden Seiten mit multiple-choice-Fragen bei jeder Aufgabe dieses Typs das voranstehende Schema in folgender vereinfachter Form angegeben:

A) *r r r* B) *r r f* C) *r f –* D) *f r –* E) *f f –*

Beispiel: Die Zahl 15 läßt sich nicht durch 7 teilen,
weil
7 eine ungerade Zahl ist.

Lösung: B, denn die einzelnen Aussagen treffen zwar zu, jedoch ist die Eigenschaft ‚ungerade Zahl' kein Ausschließungskriterium für einen Teiler von 15.

Aussagen-Kombination

Zu einer Frage oder Behauptung ist/sind aus mehreren Aussagen (Nummern 1, 2 usw.) die zutreffende(n) herauszufinden. Den Lösungsbuchstaben (A, B, C, D und E) sind verschiedene Kombinationen der Nummern zugeordnet, unter denen die zutreffende angegeben werden soll. Die Fragestellung kann auch negativ (d.h. mit ‚nicht') erfolgen.

Beispiel: Einer Masse von 1 kg entspricht/entsprechen
1) 10^9 mg
2) 10^6 mg
3) 10^4 g
4) 10^3 g

Richtig ist/sind:
A) nur 1 und 4
B) nur 2
C) nur 2 und 3
D) nur 2 und 4
E) nur 4

Lösung: D

1 Physikalische Größen, Einheiten und Messungen

1.1 Physikalische Größen

1 Basisgrößen des SI-Systems sind:
1) Stoffmenge 2) Kraft 3) Lichtstärke
Richtig ist/sind: A) nur 1 B) nur 1 und 2
C) nur 1 und 3 D) nur 2 und 3 E) nur 1 bis 3 (alle

2 Eine Basisgröße des SI-Systems ist nicht:
A) Masse B) Länge C) Temperatur D) el. Spannung E) Zeit

3 Die ‚Geschwindigkeit' ist eine abgeleitete physikalische Größe, **weil** jede physikalische Größe entweder Basisgröße ist oder als Kombination daraus dargestellt werden kann und die Geschwindigkeit nicht zu den Basisgrößen gehört.
A) *r r r* B) *r r f* C) *r f –* D) *f r –* E) *f f –*

4 Die elektrische Leistung P ist eine abgeleitete Größe des SI-Systems, **weil** sie als Produkt der Basisgrößen Stromstärke I und Spannung U dargestellt wird.
A) *r r r* B) *r r f* C) *r f –* D) *f r –* E) *f f –*

5 Eine Fläche ist eine abgeleitete Größe, **weil** sie die Größenart (Dimension) $(\text{Länge})^2$ aufweist.
A) *r r r* B) *r r f* C) *r f –* D) *f r –* E) *f f –*

6 Skalare (und damit richtungsunabhängige) physikalische Größen sind:
1) Temperatur
2) Energie
3) el. Ladung
Richtig ist/sind: A) nur 1 B) nur 1 und 2
C) nur 1 und 3 D) nur 2 und 3 E) 1 bis 3 (alle)

7 Vektorielle Größen (die oft mit Richtungsangaben dargestellt werden) sind:
1) Geschwindigkeit
2) Teilchendichte
3) el. Feldstärke
Richtig ist/sind: A) nur 1 B) nur 1 und 2
C) nur 1 und 3 D) nur 2 und 3 E) 1 bis 3 (alle)

8 Masse und Geschwindigkeit lassen sich sinnvoll addieren, **weil** ihre multiplikative Verknüpfung den Impuls ergibt.
A) *r r r* B) *r r f* C) *r f –* D) *f r –* E) *f f –*

Lösungen 2.1: 1 E, 2 C, 3 C, 4 D, 5 B, 6 E, 7 B, 8 C

1.2 Einheiten

1 Geltende SI-Einheitenfestlegungen sind:
1) 1 Meter mittels ‚Urmeter' als Vergleichsnormal
2) 1 Sekunde mittels einer bestimmten Pendelschwingung
3) 1 Ampere mittels elektrolytischer Abscheidung
4) 1 Kilogramm mittels internationalem Kilogrammprototyp

Richtig ist/sind: A) nur 1, 2 und 4 B) nur 1, 3 und 4
C) nur 1 und 4 D) nur 3 und 4 E) nur 4

2 Basis-Einheiten des SI-Systems sind:
A) Ampere, Volt und Coulomb
B) Kelvin, Kilogramm und Newton
C) Ampere, Sekunde und Volt
D) Ampere, Kelvin und Mol
E) Newton, Ohm und Watt

3 Als abgeleitete Einheiten werden manche Bezugsgrößen bezeichnet, **weil** sie kleiner sind als die festgelegten Basiseinheiten.
A) *r r r* B) *r r f* C) *r f* – D) *f r* – E) *f f* –

4 Basiseinheiten des SI-Systems sind:
1) Ampere 2) Coulomb 3) Farad
4) Volt

Richtig ist/sind: A) nur 1 B) nur 1 und 2
C) nur 1, 2 und 4 D) nur 1, 2 und 3 E) nur 1 bis 3 (alle)

5 Folgende Einheiten gehören nicht als Basis- oder abgeleitete Einheiten zum SI-System:
1) Volt 2) mmHg 3) Kalorie
4) Siemens

Zutreffend ist/sind die Aussage(n): A) nur 1 und 2
B) nur 1, 2 und 4 C) nur 2 und 3 D) nur 2, 3 und 4
E) 1 bis 4 (alle)

6 Ein Zentimeter (1 cm) entspricht:
A) 10^3 μm B) 10^{-4} km C) 10^7 nm
D) 100 mm E) 10^{-3} dm

7 Von den folgenden Beziehungen:
1) 3 μg = $3 \cdot 10^{-3}$ g 2) 5 nF = $5 \cdot 10^{-9}$ F
3) 7 mV = 0,07 V

ist/sind richtig: A) nur 1 B) nur 1 und 3
C) nur 2 D) nur 2 und 3 E) 1 bis 3 (alle)

8 Von den folgenden Beziehungen:
1) 12 ml = 0,012 l 2) 73 ms = 0,73 s
3) 37 hl = $3{,}7 \cdot 10^3$ l

ist/sind richtig: A) nur 1 B) nur 1 und 2
C) nur 1 und 3 D) nur 2 und 3 E) 1 bis 3 (alle)

1.3 Messungen und deren Unsicherheiten (Fehler)

1 Als Messung bezeichnet man einen Vorgang, bei dem ein Sachverhalt mit einer oder mehreren geeigneten Bezugsgrößen verglichen wird, **weil** Messungen stets als Verfahren zu unmittelbarem oder mittelbarem Vergleich ausgeführt werden.
A) *r r r* B) *r r f* C) *r f* – D) *f r* – E) *f f* –

2 Systematische Fehler eines Meßgerätes sind mit demselben Gerät nicht zu erkennen, **weil** systematische Fehler stets statistisch verteilt auftreten.
A) *r r r* B) *r r f* C) *r f* – D) *f r* – E) *f f* –

3 Die in dem nebenstehenden Diagramm dargestellten Unsicherheiten entsprechen etwa:
A) ± 4,2% B) ± 6%
C) ± 8,5% D) ± 12%
E) ± 17%

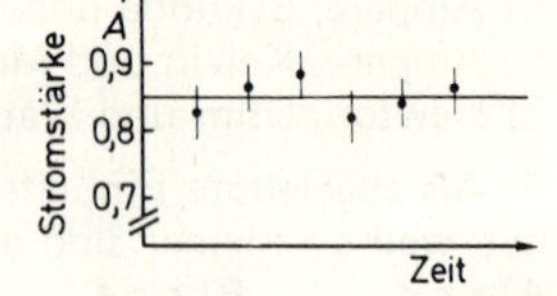

4 Ein Voltmeter (Güteklasse 1, Vollausschlag 20 V) zeigt bei einer Messung 12,5 V an. Die relative Unsicherheit dieses Wertes beträgt:
A) ± 0,625% B) ± 1,25% C) ± 1,6% D) ± 2,0% E) ± 2,5%

5 Die im nebenstehenden Diagramm dargestellten Unsicherheiten entsprechen etwa:
A) ± 2% B) ± 6%
C) ± 10% D) ± 12%
E) ± 16%

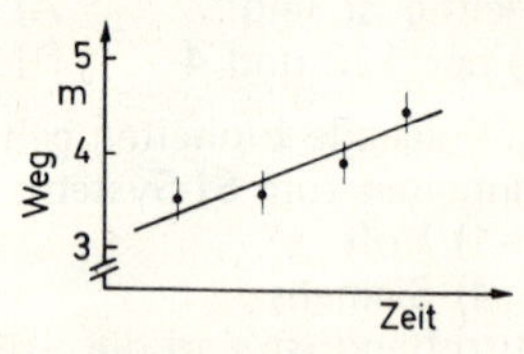

6 Aus einer Wegmessung (rel. Unsicherheit ± 2%) und einer Zeitmessung (rel. Unsicherheit ± 3%) wird eine Geschwindigkeit errechnet. Welche relative Unsicherheit weist das Resultat auf?
A) $\pm \frac{2}{3}$ % B) ± 1 % C) ± 1,5 % D) ± 5 % E) ± 6 %

7 Eine Spiegelskala an einem elektrischen Meßinstrument dient zur Vermeidung systematischer Fehler, **weil** der Spiegel die waagerechte Gebrauchslage genau einzuhalten gestattet.
A) *r r r* B) *r r f* C) *r f* – D) *f r* – E) *f f* –

8 Bei einem zylindrischen Gefäß wird gemessen: Außenradius: (18,5 ± 0,1) mm, Innenradius: (16,5 ± 0,15) mm. Für die Wandstärke von 2 mm ergibt sich eine Unsicherheit von:
A) ± 0,05 mm B) ± 0,125 mm C) ± 0,15 mm
D) ± 0,25 mm E) ± 0,3 mm

Lösungen 2.3: 1 E, 2 E, 3 B, 4 C, 5 B, 6 B, 7 D, 8 E

2 Mechanik

2.1 Zeitabhängige Vorgänge, Bewegungen

1 Die Aussagen: 1) Die Zeit ist eine SI-Basisgröße.
2) Die Zeit wird mit Uhren gemessen.
3) Zeitmessungen erfolgen durch Vergleich mit periodisch ablaufenden Vorgängen.

ist/sind richtig: A) nur 1 und 2 B) nur 1 und 3
C) nur 2 D) nur 2 und 3 E) 1 bis 3 (alle)

2 Ein Läufer legt die 400 m-Strecke in 50 s zurück. Seine mittlere Geschwindigkeit beträgt:

A) $\frac{1}{8}$ m/s B) 0,8 m/s C) 8 m/s D) 80 m/s E) 800 m/min

3 Folgende physikalische Größen lassen sich darstellen:
1) Winkelgeschwindigkeit in m/s 2) Drehfrequenz in s^{-2}
3) Zentripetalbeschleunigung in m/s^2 4) Bahngeschw. in $(Hz)^2$

Richtig ist/sind: A) nur 1 und 2 B) nur 2 und 3
C) nur 3 D) nur 3 und 4 E) nur 4

4 Wenn ein Körper sich auf einer Kreisbahn mit konstanter Winkelgeschwindigkeit bewegt (z.B. in einer Zentrifuge), so tritt keinerlei Beschleunigung auf, **weil** die Bahngeschwindigkeit sich nicht ändert.

A) *r r r* B) *r r f* C) *r f –* D) *f r –* E) *f f –*

5 Für welche Periodendauer T und Frequenz ν gelten jeweils paarweise die angegebenen Werte?
1) T = 20 ms, ν = 50 Hz 2) ν = 4 kHz, T = 0,4 ms
3) ν = 20 Hz, T = 0,05 s 4) T = 0,8 s, ν = 0,125 Hz

Richtig ist/sind: A) nur 1 und 2 B) nur 1 und 3
C) nur 2 und 3 D) nur 2 und 4 E) nur 3 und 4

6 In dem nebenstehenden Diagramm sind periodische Vorgänge:
A) nur 1 B) nur 1 und 2
C) nur 2 D) nur 2 und 3
E) 1 bis 3 (alle)

7 Von den in der vorangehenden Aufgabe dargestellten zeitabhängigen Vorgängen sind harmonisch: A) nur 1 und 2 B) nur 2
C) nur 2 und 3 D) nur 3 E) 1 bis 3 (alle)

8 Für folgende, der in der vorletzten Aufgabe dargestellten zeitabhängigen Vorgänge, ist der Mittelwert der Amplitude Null:
A) nur 1 B) nur 1 und 2 C) nur 2
D) nur 2 und 3 E) 1 bis 3 (alle)

Lösungen 1.1: 1 C, 2 D, 3 A, 4 C, 5 A, 6 E, 7 C, 8 D

2.2 Kräfte und Bewegung, Drehmoment

1 Wenn keine äußere Kraft auf einen Körper wirkt, bleibt er in Ruhe oder er bewegt sich geradlinig und mit konstanter Geschwindigkeit, **weil** ohne Einwirkung einer Kraft der Körper keine Beschleunigung erfährt.
A) *r r r* B) *r r f* C) *r f* – D) *f r* – E) *f f* –

2 Aussagen, über Kräfte, die an beweglichen Körpern angreifen:
1) Sie bewirken Beschleunigung oder Verzögerung.
2) Es gilt: Kraft = Masse · Beschleunigung
3) Reibungskräfte sind stets der Geschwindigkeit entgegengerichtet.
Richtig ist/sind: A) nur 1 und 2 B) nur 2
C) nur 2 und 3 D) nur 3 E) 1 bis 3 (alle)

3 Nimmt man jeweils gleichartige Messungen an einem Körper vor, so ergeben sich auf der Erde und auf dem Mond gleiche Werte für:
1) die Masse 2) das Trägheitsmoment 3) die Gewichtskraft
Richtig ist/sind: A) nur 1 B) nur 1 und 2
C) nur 1 und 3 D) nur 2 und 3 E) 1 bis 3 (alle)

4 Die angegebenen physikalischen Größen lassen sich mit den jeweils hinzugefügten SI-Einheiten darstellen:
1) Beschleunigung in m/s^2 2) Trägheitsmoment in $kg \cdot m^2$
3) Drehmoment in $N \cdot m$ 4) Winkelgeschwindigkeit in m/s
Richtig ist/sind: A) nur 1 und 2 B) nur 1, 2 und 3
C) nur 1, 3 und 4 D) nur 2 und 3 E) 1 bis 4 (alle)

5 Die Zentrifugalkraft am äußeren Rand eines Zentrifugenrotors ändert sich bei Verdopplung der Drehfrequenz auf: A) ein Viertel
B) die Hälfte C) das Gleiche D) das Doppelte
E) das Vierfache des vorherigen Wertes.

6 Bei einer Zentrifuge (Umlaufdauer T, Winkelgeschwindigkeit ω) gilt:
1) Zentrifugalkraft $F \sim \omega^2$
2) Zentrifugalkraft $F \sim r$ (r = Umlaufradius eines Teilchens)
3) $T = 2\pi/\omega$
Richtig ist/sind: A) nur 1 B) nur 1 und 2
C) nur 1 und 3 D) nur 3 E) 1 bis 3 (alle)

7 Wenn ein Schwebstoffteilchen mit konstanter Geschwindigkeit sinkt:
1) ist seine Masse vernachlässigbar.
2) kompensieren sich gerade Gewicht, Auftrieb und Reibungskraft
3) sind Reibungs- und Gewichtskraft entgegengerichtet.
Richtig ist/sind: A) nur 1 B) nur 1 und 2
C) nur 2 D) nur 2 und 3 E) 1 bis 3 (alle)

8 Eine (evtl. teilweise) Gültigkeit des Hookeschen Gesetzes tritt auf bei:
1) Elongation 2) Torsion 3) Scherung
Richtig ist/sind: A) nur 1 B) nur 1 und 2
C) nur 1 und 3 D) nur 2 und 3 E) 1 bis 3 (alle)

Lösungen 2.5: 1 E, 2 C, 3 B, 4 A, 5 E, 6 D, 7 B, 8 D

2.3 Energie (Arbeit), Leistung

1 Ein Mensch (Masse m = 60 kg) steigt eine Treppe zwei Stockwerke (6 m) hoch. Welche physikalische Hubarbeit wird dabei aufgewendet? (Fallbeschleunigung $g \approx 10$ m/s²)

A) 100 Nm B) 360 W C) 360 Nm D) 3600 W E) 3600 Nm

2 Bei gegebener Hubhöhe wird die zur Hebung eines Körpers nötige Arbeit durch Einsatz einer schiefen Ebene verringert, **weil** so der Transportweg geringer wird als beim senkrechten Heben des Körpers.

A) *r r r* B) *r r f* C) *r f –* D) *f r –* E) *f f –*

3 Geeignete Darstellungen für verschiedenen Formen der Energie sind

1) Spann-(Deformation-)Energie $\frac{1}{2} D x^2$,
2) kinetische Energie $\frac{1}{2} m v^2$,
3) Hubenergie $\frac{1}{2} g t^2$.

Richtig ist/sind: A) nur 1 B) nur 1 und 2 C) nur 2 D) nur 2 und 3 E) 1 bis 3 (alle)

4 Mechanische Energie wird beim Auftreten von Reibung in Wärme umgewandelt, **weil** Reibungskraft und Geschwindigkeit stets in die gleiche Richtung weisen:

A) *r r r* B) *r r f* C) *r f –* D) *f r –* E) *f f –*

5 Bei einem Schwerependel:
1) ist bei größtem Ausschlag die potentielle Energie maximal;
2) ist bei größtem Ausschlag die kinetische Energie maximal
3) ist die Summe von potentieller und kinetischer Energie konstant

Richtig ist/sind: A) nur 1 und 2 B) nur 1 und 3 C) nur 2 D) nur 2 und 3 E) 1 bis 3 (alle)

6 Bei einem Zentrifugenrotor wird die Rotationsenergie verdoppelt, wenn die Winkelgeschwindigkeit von ihrem ursprünglichen Wert ω geändert wird auf:

A) $\frac{1}{2}\sqrt{2}\,\omega$ B) $\sqrt{2}\,\omega$ C) $2\,\omega$ D) $2\sqrt{2}\,\omega$ E) $4\,\omega$

7 Eine geeignete Einheit zur Darstellung einer Energie ist die Joulesekunde, **weil** Arbeit als ‚Leistung mal Zeit' angebbar ist.

A) *r r r* B) *r r f* C) *r f –* D) *f r –* E) *f f –*

8 Zur Darstellung einer Leistung sind geeignete Einheiten:

1) $\mathrm{N\,m\,s^{-1}}$ 2) $\mathrm{kg\,m^2\,s^{-3}}$ 3) $\mathrm{J\,s^{-1}}$ 4) W

Richtig ist/sind: A) nur 1 und 3 B) nur 1, 3 und 4 C) nur 1 und 4 D) nur 2, 3 und 4 E) 1 bis 4 (alle)

Lösungen 1.3: 1 A, 2 C, 3 B, 4 C, 5 B, 6 D, 7 E, 8 D

2.4 Impuls und Drehimpuls

1 Der Impuls eines Körpers ist mittels ‚Masse mal Geschwindigkeit' darstellbar, **weil** mit steigender Geschwindigkeit die Masse umgekehrt proportional abnimmt.

A) *r r r* B) *r r f* C) *r f* – D) *f r* – E) *f f* –

2 Wie lange muß eine konstante Kraft F = 15 N auf einen Körper einwirken, damit er einen Impuls von 75 kg · m/s² erhält?

A) 2 s B) 5 s C) 11,25 s D) 20 s E) 60 s

3 Zur Darstellung eines Impulses sind geeignete Einheiten:

1) N · s 2) kg · m/s² 3) kg · m/s

Richtig ist/sind: A) nur 1 B) nur 1 und 3
C) nur 1 und 2 D) nur 2 E) nur 3

4 Folgende Erhaltungssätze gelten:

1) Impulserhaltung bei elastischen Stößen;
2) Impulserhaltung bei unelastischen Stößen;
3) Energieerhaltung bei elastischen Stößen.

Richtig ist/sind: A) nur 1 B) nur 1 und 2
C) nur 1 und 3 D) nur 2 und 3 E) 1 bis 3 (alle)

5 Wie variiert das Trägheitsmoment J eines (leeren) Zentrifugenrotors mit der Drehfrequenz f.

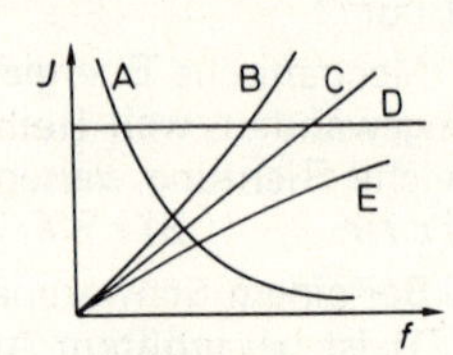

6 Ein Drehimpuls läßt sich darstellen mit den Einheiten:

1) kg · m²/s 2) N · m · s 3) kg · m/s

Richtig ist/sind: A) nur 1 B) nur 1 und 2
C) nur 2 D) nur 2 und 3 E) nur 3

7 Der Drehimpuls eines abgeschlossenen rotierenden Systems bleibt stets erhalten, **weil** mit wachsendem Trägheitsmoment die Winkelgeschwindigkeit der Rotation zunimmt.

A) *r r r* B) *r r f* C) *r f* – D) *t r* – E) *f f* –

8 Wie variiert der Drehimpuls L eines (leeren) Zentrifugenrotos mit der Drehfrequenz f?

Lösungen 2.7: 1 A, 2 B, 3 E, 4 C, 5 A, 6 B, 7 B, 8 D

2.5 Kräfte und deformierbare Körper sowie ruhende Flüssigkeiten

1 Eine Proportionalität gemäß dem Hookeschen Gesetz kann man an geeigneten Körpern beobachten für den Zusammenhang zwischen:

1) Kraft und Längenänderung
2) Drehmoment und Torsionswinkel
3) Schubspannung und Scherwinkel

Richtig ist/sind: A) nur 1 B) nur 1 und 2
C) nur 1 und 3 D) nur 2 und 3 E) 1 bis 3 (alle)

2 Eine Schraubenfeder (Federkonstante D = 400 Nm^{-1}) wird durch eine Kraft von 20 N gedehnt um:
A) 8 mm B) 2 cm C) 5 cm D) 8 cm E) 20 cm

3 Welche dieser Einheiten (SI- und sonst noch gebräuchliche) findet man bei Angaben aus Druckmessungen?

1) Pascal 2) Torr 3) kg/m^3 4) N/m^2

Richtig ist/sind: A) nur 1 und 4 B) nur 1, 2 und 4
C) nur 2, 3 und 4 D) nur 3 und 4 E) 1 bis 4 (alle)

4 Ein U-Rohr-Manometer mit Wasserfüllung zeigt bei einer physiologischen Druckmessung eine Niveaudifferenz Δh = 6 cm in beiden Schenkeln (also Δp = 6 cm WS). Dieser Druck entspricht:
A) 6 mbar B) 6 bar C) 6 Pa D) 0,6 bar E) 0,6 Pa

5 In einer hydraulischen Presse tritt ein Stempeldruck p = 20 bar auf. Die Kraft F am Arbeitskolben (Fläche A = 10 cm^2):
A) 200 N B) 500 N C) $2 \cdot 10^3$ N D) $5 \cdot 10^3$ N E) $2 \cdot 10^4$ N

6 Der Auftrieb, den in einem sie umgebenden Fluid eine Kugel erfährt ist gleich ihrer ‚Dichte mal Fallbeschleunigung', **weil** es für den Auftrieb auf die Gewichtskraft infolge verdrängter Materie ankommt.
A) *r r r* B) *r r f* C) *r f –* D) *f r –* E) *f f –*

7 Folgende Aussagen:

1) Ein Pyknometer weist ein geeichtes Volumen auf.
2) Ein Aräometer taucht mit steigender Dichte der Flüssigkeit weniger tief in die Probe ein.
3) Eine Mohrsche Waage verwendet einen Schwimmkörper.

ist/sind richtig: A) nur 1 B) nur 1 und 2
C) nur 2 D) nur 2 und 3 E) 1 bis 3 (alle)

8 Die mit dieser Mohrschen Waage bestimmte Dichte der Flüssigkeit ist:
A) 0,621 g/cm^3 B) 1,162 g/cm^3
C) 1,126 g/cm^3 D) 1,216 g/cm^3
E) 1,261 g/cm^3

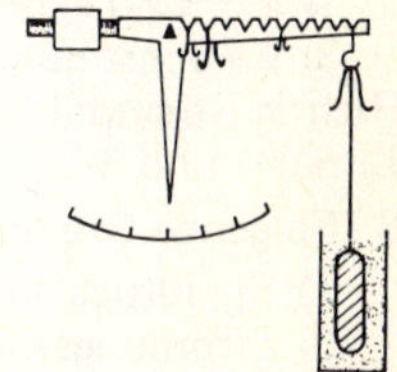

Lösungen 2.2: 1 A, 2 E, 3 B, 4 B, 5 E, 6 E, 7 D, 8 E

2.6 Bewegte Flüssigkeiten und Gase

1 In einem unverzweigten engen Rohr mit der Querschnittsfläche $A_1 = 0{,}5\,\text{cm}^2$ strömt eine Flüssigkeit mit der mittleren Geschwindigkeit $\overline{v}$. Um welchen Faktor größer oder geringer ist die mittlere Geschwindigkeit an einer Aufweitung des Rohres mit $A_2 = 1\,\text{cm}^2$?
A) 1/4 B) 1/2 C) 2 D) 4 E) 16

2 Durch Einschnürung eines Strömungskanals nimmt die mittlere Geschwindigkeit zu und der statische Druck ab. Nutzung bei:
1) Zerstäubern 2) Bunsenbrennern 3) Viskosimetern
Richtig ist/sind: A) nur 1 B) nur 1 und 2
C) nur 2 D) nur 2 und 3 E) 1 bis 3 (alle)

3 Die Volumenstromstärke läßt sich angeben in:
A) m s^{-1} B) $\text{m}^3\,\text{s}$ C) s m^{-3} D) $\text{m}^3\,\text{s}^{-1}$ E) $\text{Pa}\cdot\text{s/m}^3$

4 Für den Strömungswiderstand R gilt:
1) R = Druckdifferenz(Δp)/Volumenstromstärke (I)
2) Bei parallelgeschalteten Stromröhren gilt: $R_{ges} = R_1 + R_2 + \ldots$
3) Bei hintereinandergeschalteten Stromröhren: $\frac{1}{R_{ges}} = \frac{1}{R_1} + \frac{1}{R_2} + \ldots$
Richtig ist/sind: A) nur 1 B) nur 1 und 2
C) nur 1 und 3 D) nur 2 und 3 E) 1 bis 3 (alle)

5 Aussagen über die Viskosität:
1) Sie nimmt mit steigender Temperatur zu.
2) Sie ist bei Newtonschen Flüssigkeiten stromstärkeunabhängig.
3) Sie kann mit der Steighöhenmethode gemessen werden.
Richtig ist/sind: A) nur 1 B) nur 1 und 2
C) nur 2 D) nur 2 und 3 E) 1 bis 3 (alle)

6 In einem Flüssigkeitskreislauf befindet sich eine Kapillare mit einem Durchmesser von 2 mm. Dahinter wird noch eine Kapillare gleicher Länge mit 1 mm Durchmesser angeordnet. Um welchen Faktor ist der gesamte Strömungswiderstand größer als nur im weiten Rohr?
A) 3 B) 4 C) 5 D) 9 E) 17

7 Bei einem Sedimentationsvorgang gibt es für die stationäre Sinkgeschwindigkeit v der Teilchen folgende Zusammenhänge:
1) $v \sim 1$ / Teilchenradius 2) $v \sim 1$ / Viskosität
3) v wächst mit steigender Zentrifugendrehfrequenz.
Richtig ist/sind: A) nur 1 B) nur 1 und 2
C) nur 1 und 3 D) nur 2 und 3 E) 1 bis 3 (alle)

8 Folgende Größen sind darstellbar:
1) Staudruck in Pa 2) Viskosität in Pa · s
3) Strömungswiderstand in Pa · s/m³
Richtig ist/sind: A) nur 1 B) nur 1 und 2
C) nur 2 D) nur 2 und 3 E) 1 bis 3 (alle)

Lösungen 3.2: 1 D, 2 A, 3 B, 4 D, 5 A, 6 A, 7 C, 8 B

2.7 Grenzflächeneffekte

1 Milchfett-Tröpfchen nehmen in Wasser näherungsweise Kugelgestalt an, **weil** so die kleinste Oberfläche und damit die geringste Grenzflächenenergie eingestellt wird.

A) *r r r* B) *r r f* C) *r f –* D) *f r –* E) *f f –*

2 Die Grenzflächenspannung ist wesentlich bei der
1) Benetzung des Auges;
2) Saugwirkung von Löschpapier (Fließpapier);
3) geringen Reibung von Kugellagern.

Richtig ist/sind: A) nur 1 B) nur 1 und 2 C) nur 2 D) nur 2 und 3 E) 1 bis 3 (alle)

3 Die Grenzflächenspannung läßt sich mit folgenden (abgeleiteten) SI-Einheiten darstellen:
1) $N \cdot m$ 2) $N \cdot m^2$ 3) $N \cdot m^{-1}$ 4) $Ws \cdot m^{-2}$

Richtig ist/sind: A) nur 1 B) nur 1 und 4 C) nur 2 D) nur 2 und 3 E) nur 3 und 4

4 Wasser benetzt einen wasserabstoßenden Kunststoff nicht, **weil** die Dichte des Wassers stets gleich derjenigen solcher Kunststoffe ist.

A) *r r r* B) *r r f* C) *r f –* D) *f r –* E) *f f –*

5 In einer Kapillare stellt sich der Meniskus einer die Wand nicht benetzenden Flüssigkeit tiefer ein als der äußere Flüssigkeitsspiegel, **weil** bei einem solchen System die Kohäsionskräfte der Teilchen, aus denen die Flüssigkeit besteht, größer sind als die Adhäsionskräfte gegenüber der Wand:

A) *r r r* B) *r r f* C) *r f –* D) *f r –* E) *f f –*

6 Die Steighöhe einer Flüssigkeit in einer Kapillare hängt ab von der
1) Adhäsion der Flüssigkeit an die Wand;
2) Dichte der Flüssigkeit;
3) Viskosität der Flüssigkeit.

Richtig ist/sind: A) nur 1 B) nur 1 und 2 C) nur 2 D) nur 2 und 3 E) 1 bis 3 (alle)

7 Die Steighöhe h einer benetzenden Flüssigkeit in einer Kapillare (mit Kreisquerschnitt) hängt mit deren innerer Querschnittsfläche A wie folgt zusammen:

A) $h \sim A^{-1}$ B) $h \sim 1/\sqrt{A}$ C) $h \sim \sqrt{A}$ D) $h \sim A$ E) $h \sim A^2$

8 An einem Tropfenzähler (Stalagmometer) gilt:
1) Tropfen sind bei Wasser kleiner als bei Seifenlösung;
2) Bei Schräglage erhält man kleinere Tropfen;
3) Er ist ungeeignet zur Quecksilberdosierung.

Richtig ist/sind: A) nur 1 B) nur 1 und 2 C) nur 2 D) nur 2 und 3 E) 1 bis 3 (alle)

Lösungen 2.4: 1 C, 2 B, 3 B, 4 E, 5 D, 6 B, 7 C, 8 C

3 Wärmelehre

3.1 Temperatur, Wärmeenergie, Kalorimetrie, Hauptsätze

1 Mit wachsender Temperatur (zwischen 20 und 40 °C) ist die relative Längenänderung eines Metallstabes:

1) temperaturunabhängig 2) proportional zur abs. Temperatur
3) linear mit der Temperatur zunehmend

Richtig ist/sind: A) nur 1 B) nur 2
C) nur 2 und 3 D) nur 3 E) keine der Aussagen

2 Welcher Zusammenhang trifft näherungsweise zu?

1) 25 °C = 308 K 2) 343 K = 70 °C 3) 328 K = 55 °C

Richtig ist/sind: A) nur 1 B) nur 1 und 2
C) nur 2 D) nur 2 und 3 E) nur 3

3 Welche(s) dieser Meßinstrumente ist/sind falsch angeordnet, wenn mit der nebenstehenden Anordnung die Temperaturdifferenz zwischen T_1 und T_2 gemessen werden soll?

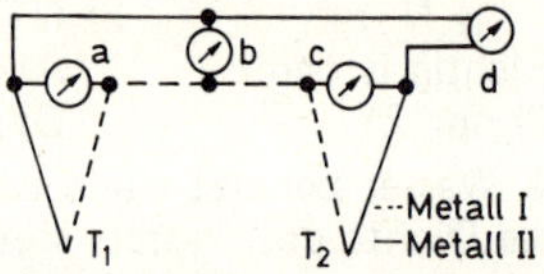

A) nur *a* und *b* B) nur *a*, *b* und *c*
C) nur *a* und *c* D) nur *b* und *d* E) nur *d*

4 Die lineare thermische Ausdehnung eines Materials ist darstellbar mit l_0 = Länge bei 0 °C: A) $l = l_0(1+\alpha)\Delta t$ B) $l = l_0 + \alpha\Delta t$
C) $l = l_0\,\alpha\Delta t$ D) $l = l_0(1+\alpha/\Delta t)$ E) $l = l_0(1+\alpha\Delta t)$

5 Eine Wärmekapazität läßt sich darstellen mit den Einheiten:
A) W · K/g B) kJ/K C) W · s/(kg · K) D) J/(g · K) E) W · s/g

6 Die molare Wärmekapazität bei konstantem Volumen (C_V) ist bei Stoffen mit positivem thermischem Ausdehnungskoeffizienten α stets größer als die molare Wärmekapazität bei konstantem Druck (C_p), **weil** bei einer isobaren Temperaturerhöhung auch Ausdehnungsarbeit aufgewendet werden muß.
A) *r r r* B) *r r f* C) *r f* – D) *f r* – E) *f f* –

7 Der I. Hauptsatz der Wärmelehre gibt den Zusammenhang zwischen Innerer Energie einerseits, sowie dem Austausch von Wärme und anderen Formen der Energie wieder, **weil** man mit ihm die Richtung in der Natur ablaufender Prozesse darstellen kann.
A) *r r r* B) *r r f* C) *r f* – D) *f r* – E) *f f* –

8 Der II. Hauptsatz der Wärmelehre macht Aussagen über tatsächlich ablaufende Prozesse, **weil** der Energiesatz manchen Vorgang zuließe, der jedoch in der Natur nicht stattfindet und man daher weitere Gesetzmäßigkeiten (z.B. II. Hauptsatz) benötigt.
A) *r r r* B) *r r f* C) *r f* – D) *f r* – E) *f f* –

Lösungen 3.4: 1 C, 2 A, 3 A, 4 B, 5 E, 6 E, 7 D, 8 B

3.2 Gaszustand

1 Unter geeigneten Bedingungen kann für ein Mol eines idealen Gases gelten:

1) $p \cdot V = R/T$ 2) $p = R \cdot T/V$ 3) $V = R \cdot T/p$

Richtig ist/sind: A) nur 1 B) nur 1 und 2
C) nur 2 D) nur 2 und 3 E) nur 3

2 Bei 27 °C nimmt eine gegebene Stoffmenge eines (näherungsweise idealen) Gases ein Volumen $V = 6\ dm^3$ ein. Welches Volumen tritt beim gleichen Druck und 77 °C auf?

A) $7\ dm^3$ B) $7{,}7\ dm^3$ C) $8{,}2\ dm^3$ D) $14\ dm^3$ E) $18\ dm^3$

3 Folgende Gleichungen und Bedingungen gehören jeweils zusammen:

1) $p \cdot V$ = const, isotherm 2) p/T = const, isochor
3) V/T = const, adiabatisch

Richtig ist/sind: A) nur 1 B) nur 1 und 2
C) nur 2 D) nur 2 und 3 E) 1 bis 3 (alle)

4 In einem Zylinder befindet sich ein (angenähert ideales) Gas unter dem Druck p_1. Mit einem beweglichen Kolben wird dann die eingeschlossene Gassäule auf die Hälfte ihrer Höhe isotherm komprimiert. Mit dem dabei entstehenden Druck p_2 gilt für das Verhältnis p_1/p_2:

A) 1 B) $2^{-1/2}$ C) $2^{1/2}$ D) 2^{-1} E) 4

5 Im p-V-Diagramm eines idealen Gases sind einige Prozesse und zugeordnete Kurven eingetragen.

Richtig ist/sind: A) nur 1
B) nur 1 und 2 C) nur 1 und 3
D) nur 2 und 3 E) 1 bis 3 (alle)

6 Bei näherungsweise idealen Gasen findet man bei Normbedingungen je Mol ein Volumen $V_{mol} = 22{,}4\ dm^3/mol$, **weil** für diese Stoffe eine einheitliche Darstellung mittels des allgemeinen Gasgesetzes unter Verwendung derselben Konstanten (R) möglich ist.

A) *r r r* B) *r r f* C) *r f –* D) *f r –* E) *f f –*

7 Luft besteht zu etwa einem Fünftel aus Sauerstoff. Wie groß ist ungefähr dessen Partialdruck in Luft unter Normdruck?

A) 20 mbar B) 20 Pa C) 0,2 bar D) 200 Pa E) 2 Pa

8 Die Van der Waalssche Zustandsgleichung berücksichtigt das Eigenvolumen der Teilchen eines Gases, **weil** zwischen den Teilchen Anziehungskräfte auftreten.

A) *r r r* B) *r r f* C) *r f –* D) *f r –* E) *f f –*

Lösungen 2.6: 1 B, 2 B, 3 D, 4 A, 5 C, 6 E, 7 E, 8 E

3.3 Aggregatzustände, Stoffgemische

1 Beim Schmelzen eines festen Stoffes
1) muß Energiezufuhr erfolgen 2) ändert sich die Dichte
3) verschwinden die Abstoßungskräfte zwischen den Atomen.
Richtig ist/sind: A) nur 1 B) nur 1 und 2
C) nur 1 und 3 D) nur 2 E) nur 2 und 3

2 Für die Gefrierpunktserniedrigung ΔT einer Lösung gilt:
1) Sie ist stets mit einer Unterkühlung verbunden;
2) Die kryoskopische Konstante ist für alle Lösungsmittel gleich;
3) ΔT ist bei 10 mmol NaCl größer als bei 10 mmol Rohrzucker in je 1 l Wasser.
Richtig ist/sind: A) nur 1 B) nur 1 und 2
C) nur 1 und 3 D) nur 2 E) nur 3

3 Eine Lösung, die eine Siedepunktserhöhung zeigt, ergibt auch eine Gefrierpunktserniedrigung, **weil** die durch den gelösten Stoff bedingte Dampfdruckerniedrigung beide Effekte verursacht.
A) *r r r* B) *r r f* C) *r f –* D) *f r –* E) *f f –*

4 Für die Siedetemperatur einer Flüssigkeit gilt:
1) Sie steigt mit wachsendem Außendruck;
2) Sie nimmt ab beim Lösen eines Stoffes in der Flüssigkeit;
3) Sie ist proportional zur molaren Masse der Flüssigkeit.
Richtig ist/sind: A) nur 1 B) nur 1 und 2
C) nur 1 und 3 D) nur 2 E) nur 2 und 3

5 Für die Siedepunktserhöhung ΔT_s sowie die Gefrierpunktserniedrigung ΔT_g einer Flüssigkeit infolge Lösens einer Substanz gilt:
1) ΔT_g ist proportional zur Schmelztemp. des gelösten Stoffes
2) $\Delta T_g = \Delta T_s$ ist stets erfüllt;
3) ΔT_g hängt ab v. d. Konzentration der Teilchen i. d. Lösung.
Richtig ist/sind: A) nur 1 B) nur 1 und 2
C) nur 1 und 3 D) nur 2 E) nur 3

6 In einem abgeschlossenen System, in dem der flüssige und der gasförmige Aggregatzustand eines Stoffes nebeneinander vorliegen, stellt sich der Sättigungsdampfdruck ein, **weil** stets soviele Moleküle in die Gasphase übergehen, bis dieser Dampfdruck erreicht wird.
A) *r r r* B) *r r f* C) *r f –* D) *f r –* E) *f f –*

7 Der Sättigungsdampfdruck über Wasser ist umgekehrt proportional zum Volumen des Dampfraumes, **weil** dieses System dem allgemeinen Gasgesetz folgt.
A) *r r r* B) *r r f* C) *r f –* D) *f r –* E) *f f –*

8 Die absolute Luftfeuchtigkeit ist stets proportional zum Sättigungsdampfdruck des Wassers, **weil** der Partialdruck gesättigten Wasserdampfes von der Temperatur abhängt.
A) *r r r* B) *r r f* C) *r f –* D) *f r –* E) *f f –*

Lösungen 4.2: 1 D, 2 A, 3 B, 4 B, 5 B, 6 C, 7 E, 8 D

3.4 Diffusion, Osmose, Wärmeübertragung

1 Diffusionsvorgänge sind so gerichtet, daß sie im zeitlichen Mittel mehr Teilchen in Richtung eines Konzentrationsgefälles transportieren als umgekehrt, **weil** die Konzentrationsunterschiede stets mit einer Temperaturdifferenz verknüpft sind.

A) *r r r* B) *r r f* C) *r f* – D) *f r* – E) *f f* –

2 Eine Diffusion von Aromastoffen in Luft tritt auch bei Abwesenheit jeglicher Konvektion auf, **weil** die Brownsche Bewegung die Konzentration dieser Stoffe in Raumbereichen höherer Konzentration vermindert und sie durch statistische Transportprozesse in Teilvolumina mit niedrigerer Konzentration anreichert.

A) *r r r* B) *r r f* C) *r f* – D) *f r* – E) *f f* –

3 Gleiche Stoffmengenkonzentrationen verschiedener nichtdissoziierender Substanzen ergeben (an geeigneten Membranen) den gleichen osmotischen Druck, **weil** in solchen Fällen gleiche Teilchendichten der gelösten Stoffe vorliegen.

A) *r r r* B) *r r f* C) *r f* – D) *f r* – E) *f f* –

4 Der osmotische Druck ist:

1) proportional zur Temperatur
2) proportional zur Stoffmengenkonzentration gelöster Stoffe
3) proportional zur Stoffmenge des Lösungsmittels

Richtig ist/sind: A) nur 1 B) nur 1 und 2
C) nur 1 und 3 D) nur 2 E) nur 2 und 3

5 Der osmotische Druck ist:

1) unabhängig von der Art des Lösungsmittels
2) tritt an semipermeablen Membranen auf
3) ist proportional zur Konzentrationsdifferenz an halbdurchlässigen Membranen.

Richtig ist/sind: A) nur 1 B) nur 1 und 2
C) nur 1 und 3 D) nur 2 und 3 E) 1 bis 3 (alle)

6 Wärmetransport ist stets an die Anwesenheit von Materie gebunden, **weil** Wärmetransport im Vakuum nicht möglich ist.

A) *r r r* B) *r r f* C) *r f* – D) *f r* – E) *f f* –

7 Ein Wärmestrom ist mit folgenden Einheiten darstellbar:

A) $J/(m^2 \cdot s)$ B) $W \cdot s/m^2$ C) $W \cdot s/m$ D) J/s E) W/m^2

8 Der Wärmestrom längs eines zylindrischen Körpers ist:

1) proportional zur Temperaturdifferenz zwischen seinen Enden;
2) umgekehrt proportional zu seiner Länge;
3) proportional zu seinem Durchmesser.

Richtig ist/sind: A) nur 1 B) nur 1 und 2
C) nur 2 D) nur 2 und 3 E) 1 bis 3 (alle)

Lösungen 3.1: 1 D, 2 D, 3 B, 4 E, 5 B, 6 D, 7 C, 8 A

4 Elektrizität und Magnetismus

4.1 Feld, Ladung, Kondensator

1 Zwischen elektrischen Ladungen tritt stets Anziehung auf, **weil** in der Nähe jeder positiven stets eine gleich große negative Ladung zu finden ist.

A) *r r r* B) *r r f* C) *r f* – D) *f r* – E) *f f* –

2 Zwischen zwei Ladungen Q_1 und Q_2 im Abstand r, die in einem Medium mit der Dielektrizitätszahl ϵ eingebettet sind, tritt eine Kraft F auf. Folgende Relationen:

1) $F \sim 1/r$ 2) $F \sim 1/\epsilon$ 3) $F \sim r/\epsilon$ 4) $F \sim \epsilon/r^2$

ist/sind richtig: A) nur 1 und 2 B) nur 2 C) nur 2 und 3 D) nur 3 E) nur 4

3 Wenn man bei einem Plattenkondensator die anliegende Spannung verdoppelt und den Abstand der Platten halbiert, so ist das Verhältnis von neuer zu vorhergehender Kapazität:

A) 1/4 B) 1/2 C) 1 D) 2 E) 4

4 Zwischen zwei gegebenen elektrischen Ladungen in festem Abstand r wird erst im Vakuum die Kraft F_1 und dann nach Eintauchen in eine isolierende Flüssigkeit mit der Dielektrizitätszahl ϵ die Kraft F_2 gemessen. Das Verhältnis F_2/F_1 entspricht:

A) $1/\epsilon^2$ B) $1/\epsilon$ C) 1 D) ϵ E) ϵ^2

5 Eine positive Ladung $+Q$ und eine negative Ladung $-4Q$ haben einen Abstand r. Sie üben aufeinander Kräfte aus. Jene an der positiven Ladung angreifende ist n-mal so groß wie die an der negativen Ladung angreifende Kraft. Es gilt:

A) $n = 1/16$ B) $n = 1/4$ C) $n = 1$ D) $n = 4$ E) $n = 16$

6 Die Kapazität eines Kondensators ist mittels folgender Einheitenkombination richtig darstellbar:

1) As/V 2) Ws/A 3) Vs/A 4) V/As

Richtig ist/sind: A) nur 1 B) nur 1 und 2 C) nur 2 D) nur 2 und 3 E) nur 4

7 Influenz tritt in elektrischen Feldern auf, und zwar:

1) in nichtleitenden Kunststoffen
2) bei zusammenhängenden Metallteilen
3) in nichtleitenden Ionenkristallen

Richtig ist/sind: A) nur 1 B) nur 1 und 3 C) nur 2 D) nur 2 und 3 E) 1 bis 3 (alle)

8 Zwei Ladungen $+Q$ und $-Q$ im Abstand l bilden einen Dipol. Wird der Abstand l verdoppelt, so wird das Dipolmoment p:

A) vervierfacht B) verdoppelt C) nicht geändert D) halbiert E) geviertelt

---

Lösungen 4.4: 1 A, 2 B, 3 A, 4 A, 5 D, 6 C, 7 E, 8 D

4.2 Widerstand, Ohmsches Gesetz, Kirchhoffsche Regeln

1 Jeder durch eine Gerade darstellbare Bereich einer *U-I*-Charakteristik genügt dem Ohmschen Gesetz, **weil** bei einem Ohmschen Widerstand der Spannungsabfall proportional zur Stromstärke ist.
A) *r r r* B) *r r f* C) *r f* – D) *f r* – E) *f f* –

2 Bei Parallelschaltung von Widerständen wird der Leitwert stets größer als für jeden einzeln, **weil** jeder einzelne Widerstand einen (positiven) Beitrag zum Gesamtleitwert liefert.
A) *r r r* B) *r r f* C) *r f* – D) *f r* – E) *f f* –

3 Die Parallelschaltung dreier Widerstände von 12 Ω, 6 Ω und 4 Ω ergibt einen Gesamtwiderstand von etwa:
A) 0,05 Ω B) 2 Ω C) 6 Ω D) 11 Ω E) 22 Ω

4 Welche Stromstärke zeigt das Meßinstrument (mit vernachlässigbarem Innenwiderstand) ungefähr an?
A) 0,25 A B) 0,5 A C) 0,75 A
D) 1,0 A E) 1,5 A

5 Die Instrumente (mit vernachlässigbaren Innenwiderständen) zeigen Stromstärken an, für die gilt:
1) $I_1 = I_2 + I_3$ 2) $I_1 = 3{,}5$ A
2) $I_2 = 0{,}5$ A 4) $I_3 = 1{,}5$ A

Richtig ist/sind: A) nur 1, 2 und 3 B) nur 1, 2 und 4
C) nur 2 und 3 D) nur 2, 3 und 4 E) nur 2 und 4

6 An einen Akku wird eine Serienschaltung von zwei gleichen Elektrolysezellen angeschlossen.
1) Dabei erniedrigt sich die Spannung an den Klemmen der Quelle.
2) Die Stromstärke in beiden Zellen ist gleich groß.
3) Der Spannungsabfall an einer Zelle ist stets geringer als die Klemmenspannung an der Quelle (Akku).

Richtig ist/sind: A) nur 1 und 2 B) nur 1 und 3
C) 1, 2 und 3 D) nur 2 E) nur 2 und 3

7 Die hier dargestellte Brückenschaltung ist abgeglichen, wenn der Widerstand R_x folgenden Wert aufweist:
A) 9 Ω B) 11 Ω C) 12 Ω
D) 13 Ω E) 16 Ω

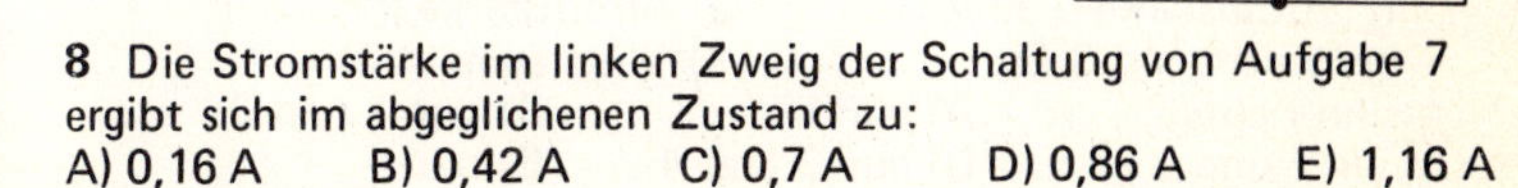

8 Die Stromstärke im linken Zweig der Schaltung von Aufgabe 7 ergibt sich im abgeglichenen Zustand zu:
A) 0,16 A B) 0,42 A C) 0,7 A D) 0,86 A E) 1,16 A

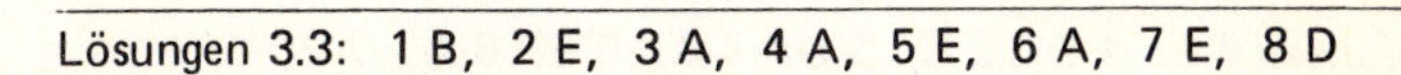

Lösungen 3.3: 1 B, 2 E, 3 A, 4 A, 5 E, 6 A, 7 E, 8 D

4.3 Stromstärke, Spannung, Leistung, Energie

1 Welche Aussagen treffen zu?
1) Die Stromstärke ist eine Basisgröße des SI-Systems.
2) Die Einheit der elektrischen Stromstärke ist mittels der magnetischen Wirkung des Stromes festgelegt.
3) Die elektrische Spannung ist eine Basisgröße des SI-Systems.

Richtig ist/sind: A) nur 1 B) nur 1 und 2
C) nur 1 und 3 D) nur 2 und 3 E) nur 3

2 Folgende Einheiten sind geeignet die Stromdichte darzustellen:
1) A/m 2) A/m² 3) mA/mm² 4) A/mm²

Richtig ist/sind: A) nur 1 B) nur 2
C) nur 2 und 3 D) nur 2, 3 und 4 E) nur 2 und 4

3 Die elektrische Elementarladung beträgt etwa:
A) $6{,}02 \cdot 10^{23}$ As B) $8{,}85 \cdot 10^{-12}$ As C) $9{,}6 \cdot 10^{4}$ As
D) $1{,}6 \cdot 10^{-19}$ As E) $1{,}66 \cdot 10^{-27}$ As

4 Ein 12 V-Akku wird zwei Stunden lang mit einer Stromstärke von 0,75 A belastet. Die dabei transportierte Ladungsmenge beträgt:
A) 18 C B) 24 C C) 450 C D) 2700 C E) 5400 C

5 Welche der folgenden physikalischen Größen läßt sich mittels der dazu angegebenen Einheiten darstellen?
1) Energie in kVA 2) Leistung in VAs
3) Leistung in Ws 4) Energie in kWs

Richtig ist/sind: A) nur 1 B) nur 2 und 3
C) nur 2 und 4 D) nur 3 E) nur 4

6 An einer normalen elektrischen Haushaltanlage werden eine Beleuchtungseinrichtung (Leistung 110 W) und ein Heizgerät (Leistung 550 W) angeschlossen. Mit welcher Stromstärke wird dabei das Netz belastet?
A) 0,3 A B) 0,66 A C) 2,0 A D) 3,0 A E) 6,6 A

7 Welche der folgenden Einheiten ist geeignet, eine Leistung darzustellen?
1) VAs 2) Nm 3) Ws 4) VA

Richtig ist/sind: A) nur 1 B) nur 1, 2 und 3
C) nur 2 und 3 D) nur 2 und 4 E) nur 4

8 Ein elektrisch geheiztes Laborgerät wird mit 12 V betrieben. Die umgesetzte Leistung beträgt 36 W. Welche der folgenden Aussagen
1) Stromstärke 0,33 A 2) Stromstärke 3 A
3) Widerstand 3 Ω 4) Widerstand 4 Ω

ist/sind richtig? A) nur 1 B) nur 1 und 3
C) nur 2 und 3 D) nur 2 und 4 E) nur 4

Lösungen 4.6: 1 D, 2 C, 3 D, 4 B, 5 E, 6 A, 7 E, 8 D

4.4 Ladungstransport in festen und flüssigen Stoffen

1 Metalle weisen einen positiven Temperaturkoeffizienten des elektrischen Widerstandes auf, **weil** der Elektronentransport in diesen Stoffen mit steigender Temperatur durch Schwingungen der Atomrümpfe zunehmend behindert wird.
A) *r r r* B) *r r f* C) *r f –* D) *f r –* E) *f f –*

2 In Halbleitern gilt:
1) Die Resistivität nimmt mit steigender Temperatur ab.
2) Die Leitfähigkeit nimmt mit fallender Temperatur ab.
3) Der Ladungstransport erfolgt hauptsächlich durch Ionen.
4) Positronen tragen oft einen wesentlichen Teil des Stromes.
Richtig ist/sind: A) nur 1 B) nur 1 und 2
C) nur 1, 2 und 3 D) nur 1, 2 und 4 E) nur 2 und 3

3 Für den inneren Photoeffekt (mit sichtbarem Licht) gilt:
1) Innere Freisetzung von Elektronen bedingt die Photoleitung.
2) Das Licht bewirkt die Möglichkeit des Ionentransports.
3) Die Leitfähigkeit hängt von der Menge freigesetzter Positronen ab.
Richtig ist/sind: A) nur 1 B) nur 1 und 2
C) nur 2 D) nur 1 und 3 E) 1 bis 3 (alle)

4 Die elektrolytische Dissoziation ist stets mit einer Dampfdruckerniedrigung verknüpft, **weil** bei diesem Vorgang die Zahl der in der Lösung befindlichen Teilchen vergrößert wird.
A) *r r r* B) *r r f* C) *r f –* D) *f r –* E) *f f –*

5 Zwischen Avogadrokonstante N_A, Faradaykonstante F und der Elementarladung e bestehen Zusammenhänge:
1) $N_A = F \cdot e$ 2) $N_A = F/e$ 3) $F = N_A/e$ 4) $F = N_A \cdot e$
Richtig ist/sind: A) nur 1 B) nur 1 und 3
C) nur 2 D) nur 2 und 4 E) nur 3

6 Ladungstransport in wäßrigen Elektrolyten ist mit Materietransport verknüpft, **weil** bei der Dissoziation stets Ionenarten mit dem Betrage nach gleich großen Ladungen (je Ion) entstehen.
A) *r r r* B) *r r f* C) *r f –* D) *f r –* E) *f f –*

7 In wäßrigen Elektrolyten gilt:
1) Beim Ladungstransport entsteht Joulesche Wärme.
2) Der Ladungstransport ist mit Materietransport verknüpft.
3) Die Ionen entstehen durch Dissoziation.
Richtig ist/sind: A) nur 1 und 2 B) nur 1 und 3
C) nur 2 D) nur 2 und 3 E) 1 bis 3 (alle)

8 Welche Ladungsmenge ist ungefähr erforderlich, um elektrolytisch aus einer $CuSO_4$-Lösung 8 g Kupfer abzuscheiden? (rel. Atommasse von Kupfer: 64, Faradaykonstante 96 500 C/mol)
A) 2400 C B) 4800 C C) 12000 C D) 24000 C E) 48000 C

Lösungen 4.1: 1 E, 2 B, 3 D, 4 B, 5 C, 6 A, 7 C, 8 B

4.5 Ladungstransport in Gasen und im Vakuum

1 Die Sättigungsstromstärke einer Ionisationskammer:
1) setzt gute Evakuierung voraus
2) ist umgekehrt proportional zur Betriebsspannung
3) hängt ab von der Intensität der einfallenden ionisierenden Strahlung

Richtig ist/sind: A) nur 1 B) nur 1 und 3
C) nur 2 und 3 D) nur 3 E) 1 bis 3 (alle)

2 In den gekennzeichneten Teilbereichen der *U*-*I*-Charakteristik einer Ionisationskammer gilt: 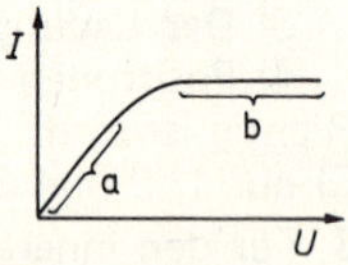
1) Im Bereich *a* soll die Arbeitsspannung liegen.
2) In *b* gilt näherungsw. das Ohmsche Gesetz.
3) Im Bereich *b* soll die Arbeitsspannung liegen.

I b a U

Richtig ist/sind: A) nur 1
B) nur 1 und 2 C) nur 2 und 3 D) nur 3 E) keine

3 Ladungstransport im Vakuum findet statt:
1) im Massenspektrometer durch Ionen.
2) In der Röntgenröhre durch Elektronen.
3) In der Hochvakuumdiode durch Ionen.

Richtig ist/sind: A) nur 1 B) nur 1 und 2
C) nur 2 D) nur 1 und 3 E) 1 bis 3 (alle)

4 In einer Röntgenröhre bewirkt eine Verdopplung der Anodenspannung auch eine Verdopplung der Stromstärke, **weil** in einer solchen Anordnung das Ohmsche Gesetz gilt.
A) *r r r* B) *r r f* C) *r f –* D) *f r –* E) *f f –*

5 Durch welche Kurve wird die *U*-*I*-Charakteristik einer Hochvakuumdiode richtig dargestellt?

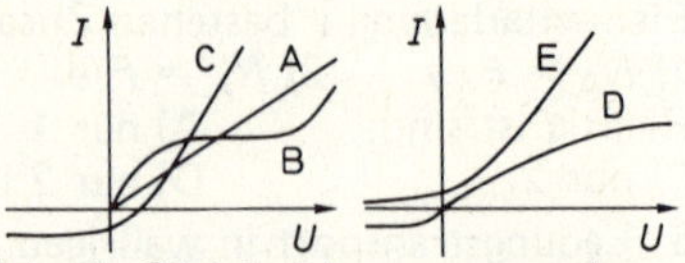

I C A B U I E D U

6 Eine Hochvakuum-Diode läßt sich als Gleichrichter verwenden, **weil** der Elektronenstrom nur von der (geheizten) Kathode zur Anode fließen kann.
A) *r r r* B) *r r f* C) *r f –* D) *f r –* E) *f f –*

7 Das Ohmsche Gesetz gilt **nicht** im üblichen Betriebsbereich von:
1) Hochvakuum-Diode 2) Ionisationskammer 3) Röntgenröhre

Richtig ist/sind: A) nur 1 B) nur 1 und 2
C) nur 1 und 3 D) nur 2 und 3 E) 1 bis 3 (alle)

8 Mit einem Elektronenstrahloszillographen lassen sich schnell ablaufende Vorgänge darstellen, **weil** die Ablenkung des Elektronenstrahls in elektrischen und/oder magnetischen Feldern erfolgt.
A) *r r r* B) *r r f* C) *r f –* D) *f r –* E) *f f –*

Lösungen 4.8: 1 D, 2 A, 3 C, 4 A, 5 C, 6 D, 7 C, 8 C

4.6 Elektromagnetismus, Lorentzkraft, Induktion, Transformator

1 Für das Magnetfeld eines geraden stromdurchflossenen Leiters gilt:
1) Die Feldlinien sind radial zum Leiter ausgerichtet.
2) Die Feldlinien beginnen und enden an der Leiteroberfläche.
3) Konzentrische Feldanordnung. 4) Das Feld ist homogen.
Richtig ist/sind: A) nur 1 B) nur 1 und 4
C) nur 2 D) nur 3 E) nur 3 und 4

2 Im Inneren einer stromdurchflossenen langen Zylinderspule gilt:
1) $H = \frac{l}{n} I$ 2) $\frac{H}{I} = \frac{n}{l}$ 3) $H \cdot l = n \cdot I$ 4) $H = \frac{n}{l} I$
Richtig ist/sind: A) nur 1 B) nur 2 und 3
C) nur 2, 3 und 4 D) nur 2 und 4 E) nur 3 und 4

3 Ein im Vakuum mit der Geschwindigkeit v senkrecht zur Richtung der magnetischen Flußdichte B eingeschlossenes Ion:
1) wird in Richtung des magnetischen Flusses abgelenkt.
2) erfährt eine geschwindigkeitsproportionale Bremsung.
3) erfährt eine Kraft senkrecht zu $\vec{v}$ und senkrecht zu $\vec{B}$.
4) erfährt eine Änderung des Betrages der Geschwindigkeit.
Richtig ist/sind: A) nur 1 B) nur 2
C) nur 2 und 4 D) nur 3 E) nur 3 und 4

4 Ein gerader Leiter ist senkrecht zu einem Magnetfeld angeordnet. Fließt eine Stromstärke I, so tritt eine Kraft auf:
1) in Richtung des Magnetfeldes. 2) senkrecht zum Magnetfeld.
3) proportional zur Stromstärke I. 4) umgekehrt proportional zu I.
Richtig ist/sind: A) nur 1 und 2 B) nur 2 und 3
C) nur 2 D) nur 1 und 3 E) nur 2 und 4

5 Induzierte Spannung (bzw. Strom) kann man beobachten:
1) wenn sich der magnetische Fluß in einer Leiterschleife ändert.
2) wenn sich eine Leiterschleife geeignet im Magnetfeld dreht.
3) bei Stromstärkeänderung in der Leiterschleife.
Richtig ist/sind: A) nur 1 B) nur 1 und 2
C) nur 1 und 3 D) nur 2 und 3 E) 1 bis 3 (alle)

6 Beim Einschalten eines Stromes in einer Spule tritt ein langsamer Anstieg der Stromstärke auf, **weil** nach der Lenzschen Regel der Induktionsvorgang der primären Ursache entgegenwirkt:
A) *r r r* B) *r r f* C) *r f –* D) *f r –* E) *f f –*

7 Bei einem verlustfreien Transformator gilt: 1) $\frac{U_p}{U_s} = \frac{I_s}{I_p}$ 2) $\frac{U_p}{U_s} = \frac{n_p}{n_s}$ 3) $\frac{I_p}{I_s} = \frac{n_s}{n_p}$
Richtig ist/sind: A) nur 1 B) nur 1 und 2
C) nur 2 D) nur 2 und 3 E) 1 bis 3 (alle)

8 Ein Labortransformator (n_g = 880 Windungen) wird an 220 V angeschlossen. Für 6 V sekundär benötigte Windungszahl:
A) 1,5 B) 4 C) 6 D) 24 E) 36

Lösungen 4.3: 1 B, 2 D, 3 D, 4 E, 5 E, 6 D, 7 E, 8 D

4.7 Wechselstrom

1 Welcher Zusammenhang zwischen Frequenz ν, Kreisfrequenz ω und Periodendauer T gilt?

1) $\omega = 2\pi\nu$ 2) $\nu = 2\pi/T$ 3) $\omega = 2\pi/T$ 4) $\omega = 2\pi/\nu$

Richtig ist/sind: A) nur 1 B) nur 1 und 3
C) nur 1 und 4 D) nur 2 E) nur 2 und 4

2 Für die übliche Haushaltwechselspannung gilt:

1) Scheitelspannung 220 V 2) Periodendauer 50 ms
3) Scheitelspannung 310 V 4) Zeit zw. Nulldurchgängen 10 ms

Richtig ist/sind: A) nur 1 B) nur 1 und 2
C) nur 1 und 4 D) nur 2 und 3 E) nur 3 und 4

3 Welche Kurve gibt den Zusammenhang zwischen induktivem Widerstand Z einer Luft-Spule und der angelegten Wechselspannung U richtig wieder?

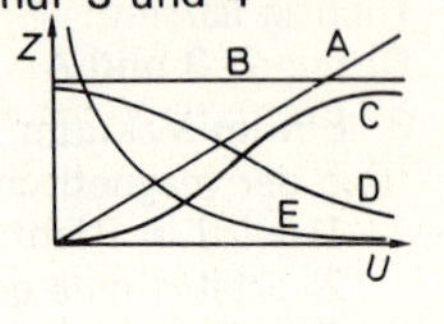

4 Für den Wechselstromwiderstand Z gilt bei:

1) idealem Kondensator $Z = 1/\omega^2 C^2$
2) einer Spule mit Drahtwiderstand R $Z = \sqrt{R^2 + \omega^2 L^2}$
3) einer R-C-Serienschaltung $Z = \dfrac{1}{\sqrt{R^2 + \dfrac{1}{\omega^2 C^2}}}$

Richtig ist/sind: A) nur 1 B) nur 1 und 2
C) nur 2 D) nur 2 und 3 C) 1 bis 3 (alle)

5 Welchen Wechselstromwiderstand hat bei der Frequenz üblicher Haushaltanschlüsse ein Kondensator mit C = 30 μF ungefähr?

A) 10 V/A B) 100 V/A C) 200 V/A D) 300 V/A E) 600 V/A

6 Welche Impedanz (Wechselstromwiderstand) hat eine Induktivität von 32 mH bei normalem technischem Wechselstrom ungefähr?

A) 1,5 V/A B) 4,5 V/A C) 10 V/A D) 20 V/A E) 100 V/A

7 Von welcher Kurve wird die Frequenzabhängigkeit der Impedanz Z einer reinen Induktivität richtig wiedergegeben?

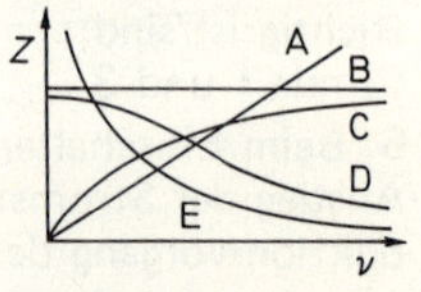

8 Beim Anschluß eines idealen (d.h. verlustfreien) Kondensators an eine Wechselspannungsquelle wird keine Wirkleistung umgesetzt, **weil** die bei der Aufladung jeweils gespeicherte Energie unmittelbar anschließend wieder an den Stromkreis zurückgeführt wird.

A) *r r r* B) *r r f* C) *r f* – D) *f r* – E) *f f* –

Lösungen 5.2: 1 B, 2 E, 3 C, 4 E, 5 A, 6 E, 7 A, 8 A

4.8 Elektrische und magnetische Polarisation der Materie

1 Eine elektrische Orientierungspolarisation tritt auf bei:
1) Helium 2) Wasser 3) HCl
Richtig ist/sind: A) nur 1 und 2 B) nur 1 und 3
C) nur 2 D) nur 2 und 3 E) 1 bis 3 (alle)

2 Nichtpolare Moleküle können im elektrischen Feld ein elektrisches Dipolmoment aufweisen, **weil** das Feld die Ladungsschwerpunkte der positiven und negativen Ladungen innerhalb der einzelnen Moleküle auseinanderzieht.
A) *r r r* B) *r r f* C) *r f –* D) *f r –* E) *f f –*

3 In einem elektrischen Feld E befinden sich drei Dipole mit gleich großem elektrischem Dipolmoment. Für die Beträge der Drehmomente gilt:
A) $M_1 < M_2 < M_3$ B) $M_1 = M_3 \neq M_2$
C) $M_1 > M_2 > M_3$ D) $M_1 = M_2 + M_3$ E) $M_1 = M_2 = M_3$

4 Elektrisch neutrale Atome zeigen elektronische Polarisation, **weil** bei solchen Systemen die Ladungsschwerpunkte von Atomkern und Elektronenhülle im äußeren Feld gegeneinander verschoben werden.
A) *r r r* B) *r r f* C) *r f –* D) *f r –* E) *f f –*

5 Wird eine isolierende polare Substanz einem elektrischen Wechselfeld ausgesetzt, so tritt eine Volumenerwärmung auf, **weil** dabei die molekularen Dipole gleichmäßig rotieren.
A) *r r r* B) *r r f* C) *r f –* D) *f r –* E) *f f –*

6 Die Erscheinung der magnetischen Remanenz tritt auf bei
1) diamagnetischen 2) paramagnetischen 3) ferromagnetischen
Stoffen. Richtig ist/sind: A) nur 1 B) nur 2
C) nur 2 und 3 D) nur 3 E) 1 bis 3 (alle)

7 Das Auftreten einer ferromagnetischen Hysterese bedeutet:
1) H und B weisen stets das gleiche Vorzeichen auf.
2) Nach Sättigungsmagnetisierung stellt sich bei $H = 0$ die Remanenz ein.
3) Es gilt für die Permeabilitätszahl $\mu_r \gg 1$.
Richtig ist/sind: A) nur 1 und 3 B) nur 2
C) nur 2 und 3 D) nur 3 E) 1 bis 3 (alle)

8 Von den Aussagen:
1) Für Dauermagnete eignen sich ferromagnetische Werkstoffe.
2) Für Kompaßnadeln ist paramagnetisches Material geeignet.
3) Ferromagnetische Eigenschaften zeigen Temperaturabhängigkeit
ist/sind richtig: A) nur 1 B) nur 1 und 2
C) nur 1 und 3 D) nur 2 und 3 E) 1 bis 3 (alle)

Lösungen 4.5: 1 D, 2 D, 3 B, 4 E, 5 E, 6 A, 7 E, 8 B

5 Schwingungen und Wellen

5.1 Schwingende Systeme (‚ungedämpft' und gedämpft), Analogien

1 Folgende Werte von Pulsfrequenz ν und Pulsperiode T eines Menschen können zusammengehören: A) $\nu = 90\,\text{Hz}$, $T = \frac{2}{3}\,\text{s}$
B) $\nu = 80\,\text{min}^{-1}$, $T = 0{,}75\,\text{s}$ C) $\nu = 120\,\text{Hz}$, $T = 0{,}5\,\text{s}$
D) $\nu = 120\,\text{min}^{-1}$, $T = 0{,}05\,\text{s}$ E) $\nu = 80\,\text{min}^{-1}$, $T = 0{,}075\,\text{s}$

2 Die Periodendauer der technischen Wechselspannung beträgt 0,2 s, **weil** seine Frequenz in Europa auf 50 Hz festgelegt ist.
A) *r r r* B) *r r f* C) *r f –* D) *f r –* E) *f f –*

3 Für viele Fragen genügt es, wenn man einfache harmonische Vorgänge behandelt, **weil** es möglich ist, beliebige periodische Abläufe in harmonische Anteile zu zerlegen.
A) *r r r* B) *r r f* C) *r f –* D) *f r –* E) *f f –*

4 Folgende Gleichung stellt einen harmonischen Vorgang dar:
A) $A = \hat{A}\ \sin(\frac{2\pi}{\nu}t + \varphi)$ B) $A = \hat{A}\ \sin(\frac{2\pi}{T}t + \varphi)$
C) $A = \hat{A}\ \sin(\frac{2\pi}{T} + t)\varphi$ D) $A = \hat{A}\ \sin\omega(t + \varphi)$
E) $A = \hat{A}\ \sin\omega t + \varphi$

5 Für die Schwingungsdauer T oder die Frequenz ν eines Federpendels gilt: A) $T = \frac{1}{2\pi}\sqrt{\frac{m}{D}}$ B) $T = 2\pi\sqrt{\frac{D}{m}}$
C) $\nu = \frac{1}{2\pi}\sqrt{\frac{D}{m}}$ D) $\nu = 2\pi\sqrt{\frac{D}{m}}$ E) $\nu = 2\pi\sqrt{\frac{m}{D}}$

6 Bei mechanischen Pendelanordnungen
1) ist die kinetische Energie in den Umkehrpunkten Null;
2) sind die Momentanwerte der kinetischen und der potentiellen Energie stets gleich;
3) ist die Momentanwert-Summe der Energien konstant.

Richtig ist/sind: A) nur 1 B) nur 1 und 2
C) nur 1 und 3 D) nur 2 E) nur 3

7 Die Zeitkonstante eines gedämpft schwingenden Systems ist umso kleiner,
1) je größer die Anfangsamplitude ist;
2) je kleiner die Anfangsamplitude ist;
3) je geringer die Dämpfung ist;
4) je größer die Dämpfung ist.

Richtig ist/sind: A) nur 1 und 3 B) nur 1 und 4
C) nur 2 und 3 D) nur 2 und 4 E) nur 4

8 Bei Schwebungen findet man ein periodisches An- und Abschwellen der Amplitude der Kombinationsschwingung, **weil** frequenzgleiche Schwingungen keine Schwebung ergeben.
A) *r r r* B) *r r f* C) *r f –* D) *f r –* E) *f f –*

Lösungen 6.1: 1 B, 2 D, 3 E, 4 C, 5 E, 6 C, 7 D, 8 E

5.2 Wellen und deren Überlagerung

1 Bei einer Welle gilt für Frequenz ν, Ausbreitungsgeschwindigkeit c und Wellenlänge λ: 1) $\lambda = c/\nu$ 2) $\nu = c/\lambda$ 3) $c \cdot \nu = \lambda$
Richtig ist/sind: A) nur 1 B) nur 1 und 2
C) nur 1 und 3 D) nur 2 E) nur 2 und 3

2 Longitudinale Wellen kommen vor bei:
1) Röntgenstrahlung 2) Radiowellen) 3) Schall
Richtig ist/sind: A) nur 1 B) nur 1 und 2
C) nur 2 D) nur 2 und 3 E) nur 3

3 Bei einer Welle läßt sich die Orts(x)- und Zeit(t)-Abhängigkeit darstellen:
A) $A = \hat{A}\,\sin(\omega t - \frac{x}{t})$
B) $A = \hat{A}\,\sin(\omega - \frac{x}{c})t$
C) $A = \hat{A}\,\sin(\omega(t - \frac{x}{c}))$
D) $A = \hat{A}(\sin\omega t - \frac{x}{c})$
E) $A = \hat{A}\,\sin\omega t - \frac{x}{c}$

4 Es gilt:
1) Elektromagnetische Wellen sind Transversalwellen;
2) Schall kann mit longitudinalen Wellen auftreten;
3) Transversalwellen sind polarisierbar.
Richtig ist/sind: A) nur 1 B) nur 1 und 2
C) nur 1 und 3 D) nur 2 und 3 E) 1 bis 3 (alle)

5 Stehende Wellen können auftreten, wenn zwei gegenläufige in Frequenz und Amplitude gleiche Wellen sich überlagern, **weil** so ein ortsfestes System von Schwingungsknoten und -bäuchen entsteht.
A) *r r r* B) *r r f* C) *r f –* D) *f r –* E) *f f –*

6 Stehende Wellen können auftreten bei:
1) Schallschwingungen 2) Wasserwellen 3) Seilwellen
Richtig ist/sind: A) nur 1 B) nur 1 und 2
C) nur 2 D) nur 2 und 3 E) 1 bis 3 (alle)

7 Wenn monochromatische kohärente Wellen eine (im Vergleich zur Wellenlänge) kleine Öffnung durchsetzen, kann man Beugungserscheinungen beobachten, **weil** dann durch Überlagerung verschiedener Anteile eine räumliche Anordnung von Verstärkungs- und Schwächungsbereichen auftritt.
A) *r r r* B) *r r f* C) *r f –* D) *f r –* E) *f f –*

8 An räumlich periodischen Strukturen (Gittern) treten Interferenzerscheinungen auf, deren Intensitätsverteilung von folgenden Eigenschaften der einfallenden Strahlung abhängt:
1) Wellenlänge 2) Einfalls-Intensität 3) Einfallsdauer
Richtig ist/sind: A) nur 1 B) nur 1 und 2
C) nur 1 und 3 D) nur 2 E) nur 2 und 3

Lösungen 4.7: 1 B, 2 E, 3 B, 4 C, 5 B, 6 C, 7 A, 8 A

5.3 Schall (Ausbreitung, Doppler-Effekt, Wirkungen)

1 Schallwellen breiten sich nicht im Vakuum aus, **weil** Schallwellen stets mit Materietransport verknüpft sind.
A) *r r r* B) *r r f* C) *r f –* D) *f r –* E) *f f –*

2 In Luft beträgt die Schallgeschwindigkeit etwa:
A) 330 cm/s B) $3{,}3 \cdot 10^4$ cm/s C) $3{,}3 \cdot 10^3$ m/s
D) 330 km/s E) $3{,}3 \cdot 10^5$ km/s

3 Gegenüber dem Hörschall (in demselben Medium) ist bei Ultraschall die
1) Frequenz höher 2) Ausbreitungsgeschwindigkeit größer
3) Wellenlänge kleiner
Richtig ist/sind: A) nur 1 B) nur 1 und 3
C) nur 2 D) nur 2 und 3 E) 1 bis 3 (alle)

4 Stehende Schallwellen sind möglich in
1) Gassäulen in einseitig geschlossenen Rohren;
2) begrenzten festen Körpern;
3) Gassäulen in beiderseitig geschlossenen Rohren.
Richtig ist/sind: A) nur 1 B) nur 1 und 2
C) nur 2 und 3 D) nur 3 E) 1 bis 3 (alle)

5 Bei einer Ultraschall-Echo-Diagnose wird in einer Tiefe von etwa 1,5 cm in einem Auge (Schallgeschwindigkeit rund 1,5 km/s) ein Fremdkörper geortet. Von der Emission des Schallpulses bis zu seiner Rückkehr vergeht ungefähr folgende Zeit:
A) 10 μs B) 20 μs C) 200 μs D) 10 ms E) 20 ms

6 Beim Doppler-Effekt beobachtet man:
1) Erhöhte Beobachtungsfrequenz bei näherkommender Quelle;
2) Verringerte Wellenlänge, wenn der Beobachter sich der Quelle nähert;
3) Vergrößerte Wellenlänge bei weglaufender Quelle.
Richtig ist/sind: A) nur 1 B) nur 1 und 2
C) nur 2 D) nur 2 und 3 E) 1 bis 3 (alle)

7 Doppler-Effekt-Geschwindigkeitsmessungen sind an bewegten Objekten möglich, **weil** deren Bewegung zu einer effektiven Abstandsänderung zwischen Sender und Empfänger führen kann.
A) *r r r* B) *r r f* C) *r f –* D) *f r –* E) *f f –*

8 Damit Ultraschall zur Herstellung von Emulsionen eingesetzt werden kann, muß die
1) Frequenz hinreichend gering sein;
2) Intensität hoch genug sein;
3) Wellenlänge groß genug sein.
Richtig ist/sind: A) nur 1 B) nur 1 und 2
C) nur 2 D) nur 2 und 3 E) 1 bis 3 (alle)

Lösungen 6.3: 1 C, 2 D, 3 C, 4 A, 5 A, 6 C, 7 A, 8 C

6 Optik

6.1 Lichtausbreitung (Reflexion, Brechung), Spiegel, Linsen

1 Bei der Reflexion von Licht gilt:
1) Einfalls- und Reflexions-Winkel sind gleich groß;
2) Einfallender Strahl, reflekierter Strahl und das Einfallslot liegen in einer Ebene;
3) Einfallender Strahl und Einfallslot stehen stets senkrecht zueinander.

Richtig ist/sind: A) nur 1 B) nur 1 und 2
C) nur 2 D) nur 2 und 3 E) 1 bis 3 (alle)

2 Stoffe mit größerer optischer Dichte weisen auf:
1) geringere Transparenz 2) eine höhere Brechzahl;
3) eine geringere Lichtausbreitungsgeschwindigkeit.

Richtig ist/sind: A) nur 1 B) nur 1 und 2
C) nur 2 D) nur 2 und 3 E) nur 3

3 Welcher Strahlengang durch eine Halbkugel aus Glas (Linse) ist möglich (Umgebung: Luft)?

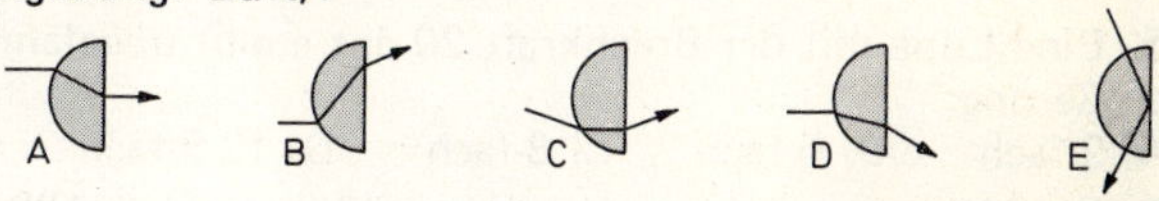

A B C D E

4 Wenn Licht aus dem Vakuum in ein optisch dichteres Medium tritt, kann Totalreflexion nicht auftreten, **weil** in diesem Medium die Ausbreitungsgeschwindigkeit größer ist als im Vakuum.

A) *r r r* B) *r r f* C) *r f* – D) *f r* – E) *f f* –

5 Eine Linse mit einer Brennweite von 25 cm weist folgende Brechkraft auf:

A) 0,04 dpt B) 0,25 dpt C) 0,4 dpt D) 1,25 dpt E) 4 dpt

6 Folgende Begriffe bezeichnen Linsenfehler:
1) chromatische Aberration 2) Dichroismus
3) Astigmatismus 4) sphärische Aberration

Richtig ist/sind: A) nur 1, 2 und 3 B) nur 1, 2 und 4
C) nur 1, 3 und 4 D) nur 2, 3 und 4 E) nur 1 und 4

7 Eine Linse mit einer Brechkraft von -2 dpt hat eine Brennweite:

A) -2 cm B) -5 cm C) -2 dm D) -5 dm E) -2 m

8 Die Aussagen
1) Ein Hohlspiegel kann ein reelles Bild erzeugen;
2) Mit einem Planspiegel entsteht ein virtuelles Bild;
3) Eine Sammellinse kann ein reelles Bild erzeugen.

ist/sind richtig: A) nur 1 B) nur 1 und 2
C) nur 1 und 3 D) nur 2 und 3 E) 1 bis 3 (alle)

Lösungen 5.1: 1 B, 2 D, 3 A, 4 B, 5 C, 6 C, 7 E, 8 B

6.2 Optische Systeme und Geräte

1 Die Brennweite eines Systems zweier aneinandergefügter dünner Sammellinsen ist stets größer als jede der einzelnen Brennweiten, **weil** die Brechkraft dieses Systems gleich der Summe der einzelnen Brechkräfte ist.

A) *r r r* B) *r r f* C) *r f* – D) *f r* – E) *f f* –

2 Wie groß ist die Brennweite eines Brillenglases, wenn seine Brechkraft -4 dpt beträgt?

A) -4 m B) -25 cm C) -2,5 cm D) -0,25 cm E) -0,04 m

3 Mit einer dünnen Sammellinse (f = 5 cm) wird ein Objekt in der Bildweite b = 6 cm scharf abgebildet. In welcher Entfernung (Gegenstandsweite g) von der Scheitelebene der dünnen Linse befindet sich das Objekt?

A) 10 cm B) 11 cm C) 14 cm D) 30 cm E) 1 m

4 Eine Sammellinse (Brennweite f_1 = 20 cm) soll mit einer Zerstreuungslinse (Brennweite f_2) aneinander gesetzt werden, um eine Gesamtbrennweite von 40 cm zu erhalten. Wie groß muß f_2 sein?

A) 60 cm B) -40 cm C) 40 cm D) -20 cm E) 20 cm

5 Eine Lupe mit der Brechkraft 20 dpt ergibt ungefähr eine Vergrößerung:

A) 2-fach B) 5-fach C) 8-fach D) 12,5-fach E) 20-fach

6 Ein Mikroskop erbringt eine Vergrößerung V_1 = 120. Welche Vergrößerung V_2 erhält man mit dem Gerät, wenn Objektiv und Okular jeweils gegen Einsätze mit doppelter Brennweite ausgewechselt werden? Man erhält V_2 =

A) 30 B) 60 C) 120 D) 240 E) 480

7 Bei einem Prismenspektrometer gilt:

1) Der Kollimator erzeugt ein paralleles Lichtbündel;
2) Die Richtungsänderungen aller Anteile des Bündels erfolgen zur Prismenbasis hin;
3) Die Richtungsänderung durch das Prisma ist für grünes Licht geringer als für rotes.

Richtig ist/sind: A) nur 1 B) nur 1 und 2
C) nur 1 und 3 D) nur 2 und 3 E) 1 bis 3 (alle)

8 Bei Fehlsichtigkeit gilt:

1) Bei Kurzsichtigkeit ist der Augapfel zu lang;
2) Bei Weitsichtigkeit ist der Augapfel zu kurz;
3) Weitsichtigkeit erfordert eine Brille mit negativer Brechkraft.

Richtig ist/sind: A) nur 1 und 2 B) nur 1 und 3
C) nur 2 D) nur 2 und 3 E) 1 bis 3 (alle)

Lösungen 7.1: 1 B, 2 A, 3 D, 4 B, 5 C, 6 C, 7 E, 8 A

6.3 Wellenoptik (Interferenz-Anordnungen, Auflösungsvermögen optischer Instrumente)

1 Beugung und/oder Interferenz findet man beim Lichtdurchgang:
1) bei engen Spaltöffnungen;
2) an ebenen Grenzen zwischen Medien verschiedener opt. Dichte;
3) an optischen Gittern
4) bei sehr engen Öffnungen

Richtig ist/sind: A) nur 1 und 2 B) nur 1, 2 und 3
C) nur 1, 3 und 4 D) nur 1 und 4 E) nur 2 und 4

2 Wenn man bei einem Gitterspektrometer das Gitter auswechselt und zwar gegen eines mit halbem Abstand der Gitteröffnungen, so ergibt sich für die Abstände der Interferenzmaxima:
A) Rückgang auf ein Viertel B) Halbierung
C) keine Änderung D) Verdopplung
E) Vervierfachung

3 Sichtbares Licht zeigt Interferenzerscheinungen, **weil** Licht sich als longitudinale Welle beobachten läßt.
A) *r r r* B) *r r f* C) *r f –* D) *f r –* E) *f f –*

4 In einer gegebenen Interferenzordnung liegt bei einem Gitterspektrometer ein rotes Maximum weiter außen als ein blaues, **weil** die Lage der Interferenzmaxima mit wachsender Wellenlänge nach außen verschoben wird.
A) *r r r* B) *r r f* C) *r f –* D) *f r –* E) *f f –*

5 Interferenzerscheinungen liegen vor bei
1) bunt schillernden Ölflecken auf Wasser;
2) Flammenfärbung bei Halogensalzen;
3) farbigen Gläsern.

Richtig ist/sind: A) nur 1 B) nur 1 und 2
C) nur 1 und 3 D) nur 2 und 3 E) 1 bis 3 (alle)

6 Mit einem Lichtmikroskop kann günstigstenfalls eine Auflösung von Objekteinzelheiten in folgender Größenordnung erreicht werden:
A) 0,05 nm B) 0,5 nm C) 0,5 μm D) 0,05 mm E) 0,5 mm

7 Mittels Immersionsflüssigkeiten kann man das Auflösungsvermögen von Mikroskopen gegenüber der einfachen Beobachtung mit Luft vor dem Objektiv ungefähr um folgenden Faktor verbessern:
A) 2 B) 10 C) 20 D) 200 E) 500

8 Bei einem Elektronenmikroskop ist das Auflösungsvermögen wesentlich besser als beim Lichtmikroskop, **weil** Elektronen nach Beschleunigung durch mehrere tausend Volt, eine größere Wellenlänge aufweisen, als Licht im sichtbaren Spektralbereich.
A) *r r r* B) *r r f* C) *r f –* D) *f r –* E) *f f –*

Lösungen 5.3: 1 C, 2 B, 3 B, 4 E, 5 B, 6 E, 7 A, 8 C

6.4 Polarisation des Lichts, Polarimetrie

1 Polarisation von Licht tritt auf bei:
1) der Streuung an Suspensionen sehr kleiner Teilchen;
2) dichroitischem Material; 3) optisch aktiven Lösungen.

Richtig ist/sind: A) nur 1 B) nur 1 und 2
C) nur 2 D) nur 2 und 3 E) 1 bis 3 (alle)

2 Natürliches sichtbares Licht kann polarisiert werden, **weil** bei der Brechung der reflektierte Anteil als logitudinale Welle auftritt.
A) *r r r* B) *r r f* C) *r f –* D) *f r –* E) *f f –*

3 Optische Aktivität tritt auf:
1) bei einigen anorganischen Verbindungen;
2) bei einigen Kohlenstoffverbindungen;
3) ausschließlich bei organischen Substanzen.

Richtig ist/sind: A) nur 1 B) nur 1 und 2
C) nur 2 D) nur 2 und 3 E) nur 3

4 Optisch aktive Stoffe:
1) zeigen stets Lumineszenz im sichtbaren Spektrum;
2) drehen die Polarisationsebene hindurchgehenden Lichts;
3) dienen zur Erzeugung linear polarisierten Lichts.

Richtig ist/sind: A) nur 1 B) nur 1 und 2
C) nur 1 und 3 D) nur 2 E) nur 2 und 3

5 Die Drehung der Polarisationsebene kann zur Konzentrationsbestimmung optisch aktiver Substanzen genutzt werden, **weil** der Drehwinkel α proportional zur Intensität des Meß-Lichts ist.
A) *r r r* B) *r r f* C) *r f –* D) *f r –* E) *f f –*

6 Für den Drehwinkel α einer optisch aktiven Lösung gilt:
1) α ist proportional zur Kuvettenlänge;
2) α ist proportional zur Wellenlänge des verwendeten Lichts;
3) α ist umgekehrt proportional zur Konzentration der Lösung.

Richtig ist/sind: A) nur 1 B) nur 1 und 2
C) nur 2 und 3 D) nur 3 E) 1 bis 3 (alle)

7 Welche Kurve stellt die Abhängigkeit des Drehwinkels α von der Frequenz ν des Meß-Lichts für eine farblose optisch aktive Substanz schematisch richtig dar?

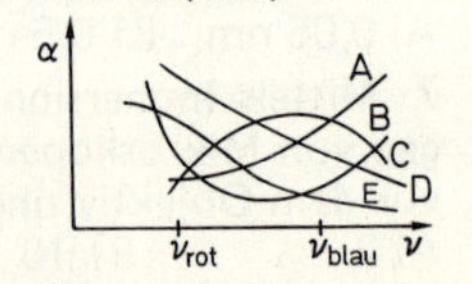

8 Bei einem Halbschattenpolarimeter:
1) liegt die Probe zwischen Lampe und erstem Polarisator;
2) wird auf gleich helle (dunkle) Gesichtsfeldhälften eingestellt;
3) ist der Drehwinkel der Intensität der Lichtquelle proportional.

Richtig ist/sind: A) nur 1 B) nur 1 und 2
C) nur 2 D) nur 2 und 3 E) 1 bis 3 (alle)

Lösungen 7.3: 1 C, 2 A, 3 D, 4 C, 5 D, 6 D, 7 D, 8 A

7 Strahlung

7.1 Strahlungsquellen, Strahlungsgrößen

1 Strahlungsquellen für sichtbares Licht sind:
1) Laser 2) Leuchtstoffröhren 3) β-Strahler
Richtig ist/sind: A) nur 1 B) nur 1 und 2
C) nur 2 D) nur 2 und 3 E) 1 bis 3 (alle)

2 Eine Glühbirne emittiert überwiegend Wärmestrahlung, **weil** ihre Fadentemperatur nur einen kleinen Anteil sichtbaren Lichts ermöglicht.
A) *r r r* B) *r r f* C) *r f –* D) *f r –* E) *f f –*

3 Als Einheit der Lichtstärke wird verwendet:
A) Gray B) Becquerel C) Rad D) Candela E) J/m^3

4 Eine Röntgenröhre läßt sich für die Heizung und zur Bereitstellung der Anodenspannung mit Transformatoren und ohne Gleichrichter betreiben, **weil** an Kathode und Anode erhebliche Anteile der zugeführten Leistung in Wärme umgesetzt werden.
A) *r r r* B) *r r f* C) *r f –* D) *f r –* E) *f f –*

5 Wenn eine Röntgenröhre mit 50 kV Anodenspannung betrieben wird, beträgt die Auftreffenergie der Elektronen an der Anode:
A) $3 \cdot 10^{28}$ J B) $1{,}6 \cdot 10^{-19}$ J C) $8 \cdot 10^{-15}$ J
D) $6 \cdot 10^{23}$ J E) $8 \cdot 10^{-23}$ J

6 Bei einer Röntgenröhre gilt:
1) Vergrößerung des Heizstromes erhöht die Röntgenemission;
2) Erhöhung der Anodenspannung vergrößert die Ausbreitungsgeschwindigkeit der Röntgenstrahlung (im Vakuum);
3) Wachsender Anodenstrom erfordert zunehmende Wärmeabfuhr.
Richtig ist/sind: A) nur 1 B) nur 1 und 2
C) nur 1 und 3 D) nur 2 E) nur 2 und 3

7 In der Natur vorkommende radioaktive Stoffe emittieren:
1) α-Teilchen 2) β-Strahlung 3) γ-Strahlung
Richtig ist/sind: A) nur 1 B) nur 1 und 2
C) nur 1 und 3 D) nur 2 und 3 E) 1 bis 3 (alle)

8 Künstlich radioaktive Nuklide kann man als Strahlungsquellen einsetzen, **weil** bei ihnen α-Strahler, β-Strahler und/oder γ-Strahler vorkommen.
A) *r r r* B) *r r f* C) *r f –* D) *f r –* E) *f f –*

Lösungen 6.2: 1 D, 2 B, 3 D, 4 B, 5 B, 6 A, 7 B, 8 A

7.2 Spektren, Strahlungsnachweis

1 Atome können Licht emittieren nach:
1) Stößen durch schnelle Elektronen;
2) Stößen durch schnelle Ionen (z.B. in Gasentladungen);
3) genügend langer Verweildauer im Grundzustand.

Richtig ist/sind: A) nur 1 B) nur 1 und 2
C) nur 1 und 3 D) nur 2 E) 1 bis 3 (alle)

2 Atome können Photonen emittieren, **weil** sie bei einem solchen Prozeß die Möglichkeit nutzen, nach vorausgegangener Anregung in einen Zustand niedrigerer Energie überzugehen.
A) *r r r* B) *r r f* C) *r f –* D) *f r –* E) *f f –*

3 Aussagen über Spektren:
1) Kontinuierlich ist das Röntgen-Bremsspektrum;
2) Bandenspektren treten bei Molekülen auf;
3) Linienspektren treten bei Elektronenübergängen auf.

Richtig ist/sind: A) nur 1 B) nur 1 und 2
C) nur 2 D) nur 2 und 3 E) 1 bis 3 (alle)

4 Bei charakteristischer Röntgenstrahlung handelt es sich um Linienspektren, **weil** sie durch Elektronen mit jeweils etwa gleich großer Auftreffenergie angeregt wird.
A) *r r r* B) *r r f* C) *r f –* D) *f r –* E) *f f –*

5 Die Intensität sichtbaren Lichts läßt sich messen mittels:
1) Thermoelement 2) Ionisationskammer
3) Photowiderstand 4) (Vakuum-)Photozelle

Richtig ist/sind: A) nur 1 und 3 B) nur 1 und 4
C) nur 1, 3 und 4 D) nur 2, 3 und 4 E) 1 bis 4 (alle)

6 Photochemischer Strahlungsnachweis ist möglich bei:
1) β-Strahlung 2) *UV*-Strahlung 3) Röntgenstrahlung

Richtig ist/sind: A) nur 1 B) nur 1 und 2
C) nur 2 und 3 D) nur 3 E) 1 bis 3 (alle)

7 Durch Einwirkung von Strahlung auftretende Lumineszenz nutzt man aus bei: 1) Photografischen Schichten
2) Leuchtschirmen 3) Szintillationszählern

Richtig ist/sind: A) nur 1 B) nur 1 und 3
C) nur 2 D) nur 2 und 3 E) 1 bis 3 (alle)

8 Strahlungsnachweis mittels Ionisation ist möglich bei:
1) Röntgenstrahlung 2) β-Strahlung 3) *IR*-Strahlung

Richtig ist/sind: A) nur 1 B) nur 1 und 2
C) nur 1 und 3 D) nur 2 und 3 E) 1 bis 3 (alle)

Lösungen 8.2: 1 E, 2 B, 3 B, 4 C, 5 A, 6 C, 7 A, 8 A

7.3 Wechselwirkung mit Materie, Extinktion, Dosimetrie

1 Harte Röntgenstrahlung ist durchdringender als weiche, **weil** der Absorptionskoeffizient mit zunehmender Photonenergie stets anwächst.

A) *r r r* B) *r r f* C) *r f –* D) *f r –* E) *f f –*

2 Die Intensität einer Röntgenstrahlung wird in einer Schicht von 0,5 cm eines Materials auf die Hälfte geschwächt. Welche Dicke ergibt eine Schwächung auf eine Restintensität von etwa 6%?

A) 2 cm B) 3 cm C) 6 cm D) 8 cm E) 16 cm

3 Die Intensität einer γ-Strahlung wird in 4 cm eines Materials auf die Hälfte geschwächt. Welcher Prozentsatz wird ungefähr in 20 cm Materialstärke absorbiert?

A) 80% B) 95% C) 96% D) 97% E) 98%

4 Das exponentielle Absorptionsgesetz beschreibt nur die Schwächung monochromatischer Strahlung genau, **weil** polychromatische Strahlung bei Röntgenemission und sichtbarem Licht nicht auftritt.

A) *r r r* B) *r r f* C) *r f* D) *f r –* E) *f f –*

5 Die Absorption von Licht nach dem Lambertschen Gesetz lautet:

A) $I = I_0 \exp\{k \cdot c \cdot d\}$ B) $I = I_0 \exp\{k - c\,d\}$
B) $I = I_0 \exp\{k/c \cdot d\}$ D) $I = I_0 \exp\{-k \cdot c \cdot d\}$
C) $I = I_0 \exp\{k - c \cdot d\}$

6 Die Extinktion $E = \lg \frac{I_0}{I}$ wird mit wachsender Trübung einer Flüssigkeit geringer, **weil** auch gilt $E = \lg \frac{100}{D}$ (D = Durchlässigkeit in %).

A) *r r r* B) *r r f* C) *r f –* D) *f r –* E) *f f –*

7 Bei einer dem Lambert-Beerschen Gesetz genügenden Flüssigkeit findet man unter gegebenen Bedingungen in einem Photometer eine Durchlässigkeit von 50%. Welche Durchlässigkeit ist bei Halbierung der Konzentration ungefähr zu erwarten?

A) 12,5% B) 25% C) 67% D) 71% E) 80%

8 Zusammenpassende Größen und Einheiten sind:

1) Energiedosis J/kg
2) Ionendosisleistung As/kg
3) Energiedosisleistung Ws/m^3

Richtig ist/sind: A) nur 1 B) nur 1 und 2
C) nur 1 und 3 D) nur 2 E) nur 2 und 3

Lösungen 6.4: 1 B, 2 C, 3 B, 4 D, 5 C, 6 A, 7 A, 8 C

8 Atomistische Struktur der Materie

8.1 Atome, Moleküle, kondensierte Materie, Stoffmenge

1 Wie groß sind ungefähr die Radien der meisten Atome?
A) 10^{-8} μm B) 10^{-8} m C) 10^{-10} mm D) 10^{-10} cm E) 10^{-10} m

2 Die Masse eines Elektrons verhält sich zur Masse eines Kohlenstoffatoms ungefähr wie:
A) 1:12 B) 1:24 C) 1:2000 D) 1:12000 E) 1:24000

3 Die Avogadrokonstante beträgt etwa:
A) $6{,}02 \cdot 10^{22}$ mol^{-1} B) $1{,}6 \cdot 10^{19}$ mol^{-1}
C) $9{,}6 \cdot 10^{4}$ As·mol^{-1} D) $6{,}02 \cdot 10^{23}$ mol^{-1}
E) $6{,}02 \cdot 10^{23}$ g·mol^{-1}

4 Brownsche Bewegung tritt auf bei kleinen:
1) Feststoff-Teilchen in Gasen;
2) Feststoff-Partikeln in Flüssigkeiten;
3) Tröpfchen in Gasen.
Richtig ist/sind: A) nur 1 B) nur 1 und 2
C) nur 2 und 3 D) nur 3 E) 1 bis 3 (alle)

5 In einem Gas hängt die mittlere kinetische Translationsenergie der Moleküle wie folgt von der Temperatur ab:
A) T^{-4} B) T^{-1} C) gar nicht D) T E) T^4

6 Der Gasdruck auf die Wand eines Gefäßes entsteht infolge der Stöße von Teilchen, **weil** bei deren elastischer Reflexion die Impuls-Erhaltung zu einer Kraft (im zeitlichen Mittel) auf die Wandfläche führt, d.h. zu einem Druck.
A) *r r r* B) *r r f* C) *r f –* D) *f r –* E) *f f –*

7 Flüssigkeiten können langsamer Formänderung gut nachgeben, **weil** die Dichte der meisten Stoffe sich beim Schmelzen viel weniger ändert als beim Verdampfen.
A) *r r r* B) *r r f* C) *r f –* D) *f r –* E) *f f –*

8 Kristalline Festkörper können Wärmeenergie unter Beibehaltung ihrer Gitterstruktur aufnehmen, **weil** die Zufuhr von Wärmeenergie eine Zunahme der Schwingungen der Bausteine um ihre mittleren Lagen bewirkt.
A) *r r r* B) *r r f* C) *r f –* D) *f r –* E) *f f –*

Lösungen 9.1: 1 C, 2 B, 3 E, 4 D, 5 C, 6 E, 7 E, 8 E

8.2 Atomhülle, Spektren, Periodisches System

1 Bei einem elektrisch neutralen Atom (z.B. bei einem Edelgas) gilt
1) die Zahlen von Hüllenelektronen und Neutronen sind gleich;
2) die Zahlen von Protonen und Neutronen sind stets gleich;
3) die Zahlen von Hüllenelektronen und Protonen sind gleich.

Richtig ist/sind: A) nur 1 B) nur 1 und 3
C) nur 2 D) nur 2 und 3 E) nur 3

2 Atome können angeregt werden:
1) mittels Stößen durch andere Atome oder Ionen;
2) durch Stößen mittels genügend energiereichen Elektronen;
3) indem sie Photonen emittieren.

Richtig ist/sind: A) nur 1 B) nur 1 und 2
C) nur 2 D) nur 2 und 3 E) 1 bis 3 (alle)

3 Von glühenden Gasen werden Photonen emittiert, **weil** die Energie eines Photons proportional zu seiner Frequenz ist.
A) *r r r* B) *r r f* C) *r f* – D) *f r* – E) *f f* –

4 Die Emissionslinien glühender Gase und Dämpfe kann man für die Spektralanalyse ausnutzen, **weil** die einzelnen Photonenenergien proportional zur Energie der verschiedenen Elektronenzustände (Elektronenbahnen) sind.
A) *r r r* B) *r r f* C) *r f* – D) *f r* – E) *f f* –

5 Die Anregung von Atomen, so daß diese Linien sichtbaren Lichts emittieren, ist möglich mittels kontinuierlicher
1) Spektren sichtbaren Lichts;
2) *IR*-Spektren;
3) Radiowellen.

Richtig ist/sind: A) nur 1 B) nur 1 und 2
C) nur 1 und 3 D) nur 2 und 3 E) 1 bis 3 (alle)

6 Das periodische System der Elemente ist geordnet nach der Kernladung der chemischen Elemente, **weil** die Zahl der Hüllenelektronen genau proportional zur Masse der neutralen Atome ist.
A) *r r r* B) *r r f* C) *r f* – D) *f r* – E) *f f* –

7 Die chemischen Elemente können mit Hilfe ihrer charakteristischen Röntgenstrahlung im Periodischen System geordnet werden, **weil** bei Übergängen, die auf den inneren Schalen enden, die Energien der Röntgenphotonen von der jeweiligen Kernladung abhängen, weitgehend unbeeinflußt vom gerade vorliegenden chemischen Bindungszustand bleiben.
A) *r r r* B) *r r f* C) *r f* – D) *f r* – E) *f f* –

8 Die Edelgase He, Ne und Ar sind chemisch kaum reaktionsfähig, **weil** diese Edelgase abgeschlossenen Elektronenschalen aufweisen.
A) *r r r* B) *r r f* C) *r f* – D) *f r* – E) *f f* –

Lösungen 7.2: 1 B, 2 A, 3 E, 4 B, 5 C, 6 E, 7 D, 8 B

8.3 Atomkerne, Radioaktivität, Zerfallsgesetz

1 Für einige wichtige Elementarteilchen gilt:
1) Positronen und Protonen haben die gleiche Ladung;
2) Protonen und Neutronen haben etwa die gleiche Masse;
3) Neutronen und Photonen haben keine Ladung.

Richtig ist/sind: A) nur 1 B) nur 1 und 2
C) nur 1 und 3 D) nur 2 und 3 E) 1 bis 3 (alle)

2 Aussagen über Atomkerne und Radioaktivität:
1) Isotope sind verschiedene Nuklide gleicher Kernladungszahl;
2) Beim α-Zerfall erhöht sich die Kernladung;
3) Beim β-Zerfall erniedrigt sich stets die Kernladung.

Richtig ist/sind: A) nur 1 B) nur 2
C) nur 2 und 3 D) nur 3 E) 1 bis 3 (alle)

3 Künstlich radioaktive Nuklide lassen sich aus stabilen Kernen durch Bestrahlung mit Neutronen gewinnen, **weil** so Kerne entstehen, die durch spontane Umwandlung (Zerfall) in einen energetisch günstigeren Zustand übergehen können.

A) *r r r* B) *r r f* C) *r f –* D) *f r –* E) *f f –*

4 Beim β-Zerfall ändert sich die Nukleonenzahl nicht, **weil** beim β-Zerfall die Protonenzahl um eine Einheit abnimmt, während die Neutronenzahl um eine Einheit anwächst.

A) *r r r* B) *r r f* C) *r f –* D) *f r –* E) *f f –*

5 Das Zerfallsgesetz läßt sich in folgender Form schreiben:
1) $N = N_o - \exp\{-\lambda t\}$ 2) $N = N_o \exp\{-\lambda t\}$
2) $\ln(N_o/N) = -\lambda t$ 4) $\ln(N/N_o) = -\lambda t$

Richtig ist/sind: A) nur 1 und 3 B) nur 1 und 4
C) nur 2 D) nur 2 und 3 E) nur 2 und 4

6 Zerfallskonstante λ und Halbwertszeit T_H hängen zusammen:
A) $\lambda = 0{,}69 \cdot T_H$ B) $\lambda = T_H - 0{,}69$ C) $\lambda = 0{,}69/T_H$
D) $\lambda = 0{,}69 - T_H$ E) $\lambda = T_H/0{,}69$

7 Darstellung(en) für die zeitliche Änderung der Aktivität A eines radioaktiven Präparats:
1) $A = A_o - \lambda \cdot \tau$ 2) $\ln(A/A_o) = -t/\tau$ 3) $\ln(A/A_o) = -0{,}69/\lambda$

Richtig ist/sind: A) nur 1 B) nur 1 und 3
C) nur 2 D) nur 3 E) keine

8 Wie wird die Zahl N_z der bei einem radioaktiven Präparat seit der Zeit $t = 0$ bereits zerfallenen Kerne dargestellt?
A) $N_z = N_o \exp\{-\lambda t\}$ B) $N_z = N_o(1 - \exp\{-\lambda t\})$
C) $N_z = 1 - N_o \exp\{-\lambda t\}$ D) $N_z = N_o - \exp\{-\lambda t\}$
E) $N_z = N_o - N_o/\exp\{-\lambda t\}$

Lösungen 10.1: 1 C, 2 D, 3 C, 4 A, 5 B, 6 C, 7 E, 8 B

9 Regelung und Information

9.1 Steuerung und Regelung

1 Eine Steuerung stellt eine offene Wirkungskette dar, **weil** eine Steuerung Stellvorgänge verursacht, die vom jeweiligen Istwert abhängen.
A) *r r r* B) *r r f* C) *r f –* D) *f r –* E) *f f –*

2 Bei einer Steuerung wird durch ein Stellglied eine Eingangsgröße beeinflußt, **weil** die Führungsdaten ohne Rückführung in die Steuerkette eingegeben werden.
A) *r r r* B) *r r f* C) *r f –* D) *f r –* E) *f f –*

3 Eine Steuerung läßt sich anwenden auf:
1) Energiefluß 2) Massenfluß 3) Informationsfluß
Richtig ist/sind: A) nur 1 B) nur 1 und 2
C) nur 1 und 3 D) nur 2 E) 1 bis 3 (alle)

4 Jede Uhr mit Schlagwerk stellt ein Regelsystem dar, **weil** zwischen Zeitanzeige und Schlagwerksignal eine feste Abhängigkeit bei solchen Uhren besteht.
A) *r r r* B) *r r f* C) *r f –* D) *f r –* E) *f f –*

5 In einer Regeleinrichtung wirkt das System den Abweichungen vom Sollwert entgegen, **weil** die Regelgröße stets von Energiefluß und die Stellgröße stets vom Massenfluß abhängt.
A) *r r r* B) *r r f* C) *r f –* D) *f r –* E) *f f –*

6 In einem Regelkreis tritt bei Einwirkung einer Störgröße eine Änderung der Führungsgröße auf, **weil** Führungsgröße und Abweichung vom Sollwert stets zueinander proportional sind.
A) *r r r* B) *r r f* C) *r f –* D) *f r –* E) *f f –*

7 In einem Regelkreis werden folgende Funktionen und Werte geeignet realisiert:
1) Stellglied 2) Regler 3) Ist-Wert
Richtig ist/sind: A) nur 1 B) nur 1 und 2
C) nur 2 D) nur 2 und 3 E) 1 bis 3 (alle)

8 Für die Regelung der Körpertemperatur können als Störgrößen wirksam werden Veränderungen der
1) Kleidung
2) Sonneneinstrahlung auf die Kleidung
3) Umgebungstemperatur
Richtig ist/sind: A) nur 1 B) nur 1 und 2
C) nur 2 D) nur 2 und 3 E) 1 bis 3 (alle)

Lösungen 8.1: 1 E, 2 E, 3 D, 4 E, 5 D, 6 A, 7 B, 8 A

9.2 Information und ihre Übertragung

1 Als Nachrichten kann man auffassen:
1) Sprache bei menschlicher Kommunikation
2) Meßsignale bei technischen Systemen
3) Chemische Wirkstoffe in der belebten Natur

Richtig ist/sind: A) nur 1 B) nur 1 und 2
C) nur 1 und 3 D) nur 3 E) 1 bis 3 (alle)

2 Information entspricht dem bei Eintreffen einer Nachricht beseitigten Nichtwissen, **weil** Nachrichten über bereits Bekanntes nicht zur Information beitragen und somit nur die Redundanz vergrößern.
A) *r r r* B) *r r f* C) *r f* – D) *f r* – E) *f f* –

3 Codierung findet man bei der Sinneswahrnehmung, **weil** bei der Wahrnehmung physikalisch faßbare Sachverhalte in elektrische Signale umgesetzt werden, die sich zur Übertragung und Verarbeitung (besser) eignen.
A) *r r r* B) *r r f* C) *r f* – D) *f r* – E) *f f* –

4 Ein ‚bit' ist:
A) Codierungsrelation zwischen dualem und gewöhnlichem Alphabet
B) nur für Information geeignet, nicht jedoch für Redundanz
C) ein spezielles Morsezeichen
D) Einheit zur Darstellung von Nachrichtenmengen
E) Einheit für die Kanalkapazität

5 Der Umfang einer Nachricht läßt sich in bit angeben, weil die Binärziffern die einzigen Zeichen sind, in welche die Umsetzung (Codierung) eines Textes möglich ist.
A) *r r r* B) *r r f* C) *r f* – D) *f r* – E) *f f* –

6 Eine redundante Nachricht ist stets umfangreicher als ihr Informationsgehalt, **weil** der Gesamtumfang einer Nachricht stets kleiner ist als ihr Informationsgehalt.
A) *r r r* B) *r r f* C) *r f* – D) *f r* – E) *f f* –

7 Der Begriff ‚Kanalkapazität' bedeutet:
A) Übertragungsfähigkeit für Redundanz
B) je Zeiteinheit übertragbare Nachrichtenmenge
C) Speicherfähigkeit für Information und Redundanz
D) Zahl jeweils gleichzeitig übermittelbarer Buchstaben
E) Speicherfähigkeit für Information

8 Die Kanalkapazität einzelner Nervenzellen liegt in der Größenordnung von:
A) 1 bit/s B) 10 bit/s C) 1000 bit/s D) 10^6 bit/s E) $8 \cdot 10^7$ bit/s

---

Lösungen 10.3: 1 A, 2 E, 3 D, 4 C, 5 A, 6 A, 7 C, 8 E

10 Mathematische Hilfsmittel

10.1 Geometrie, Winkelfunktionen, Vektoren

1 Eine zylindrische Flüssigkeitssäule (Höhe 2,0 cm) in einer Kapillare mit einem Durchmesser von 1 mm hat ein Volumen von etwa:
A) 3,7 mm³ B) 6,3 mm³ C) 16 mm³ D) 31 mm³ E) 63 mm³

2 Ein Winkel $\alpha = 330°$ entspricht im Bogenmaß:
A) $\frac{1}{12}\pi$ B) $\frac{1}{6}\pi$ C) $3{,}3\,\pi$ D) $\frac{11}{6}\pi$ E) $330\,\pi$

3 In einem rechtwinkligen Dreieck mit den Winkeln α, β und γ ($\gamma = 90°$) gilt:
1) $\sin\alpha + \sin\beta = \sin\gamma$ 2) $\sin^2\alpha + \sin^2\beta = 1$
3) $\sin^2\alpha + \sin^2\beta = \sin^2\gamma$ 4) $\sin^2\alpha + \sin^2\beta + \sin^2\gamma = 1$
Richtig ist/sind: A) nur 1 B) nur 2
C) nur 2 und 3 D) nur 3 E) nur 4

4 Die Richtung einer vektoriellen Größe ist in einem geeigneten Koordinatensystem darstellbar, **weil** vektorielle Größen aus Komponenten in den Richtungen der Koordinatenachsen zusammengesetzt werden können.
A) *r r r* B) *r r f* C) *r f* – D) *f r* – E) *f f* –

5 Vektorielle physikalische Größen lassen sich nur dann addieren, wenn sie untereinander von gleicher Größenart sind, **weil** vektorielle Größen durch Maßzahl, Einheit und Richtungsangabe beschrieben werden.
A) *r r r* B) *r r f* C) *r f* – D) *f r* – E) *f f* –

6 Eine Kraft $\vec{F}$ bewirkt an einem Hebel das größte Drehmoment $\vec{M}$, wenn $\vec{F}$ (in der Bewegungsebene) zum Hebelarm $\vec{r}$ senkrecht steht, **weil** bei allen anderen Orientierungen kein Drehmoment auftritt.
A) *r r r* B) *r r f* C) *r f* – D) *f r* – E) *f f* –

7 An einem Körper greifen zwei Kräfte $F_1 = 5$ N und $F_2 = 3$ N an. Bei geeigneter Orientierung der Kräfte kann die resultierende Kraft F_3 folgenden Betrag aufweisen:
1) 2 N 2) 4 N 3) 8 N
Richtig ist/sind: A) nur 1 B) nur 1 und 2
C) nur 2 und 3 D) nur 3 E) 1 bis 3 (alle)

8 Die Vektoren $\vec{F}$ und $\vec{s}$, die den Winkel $\vartheta = \measuredangle(\vec{F},\vec{s})$ einschließen, ergeben das Skalarprodukt W. Es gilt:
1) $\vec{F}\cdot\vec{s} = W\cdot\cos\vartheta$ 2) $W = F\cdot s\cdot\cos\vartheta$
3) $W = \vec{F}\cdot\vec{s} + \cos\vartheta$ 4) $\vec{F}\cdot\vec{s} = \vec{W}$
Richtig ist/sind: A) nur 1 B) nur 2
C) nur 2 und 4 D) nur 3 E) nur 4

Lösungen 8.3: 1 E, 2 A, 3 A, 4 C, 5 E, 6 C, 7 C, 8 B

10.2 Potenzrechnung, Logarithmus, Funktionen

1 Die auf die Hörschwelle bezogene Schall-Intensität an einem Arbeitsplatz ist 10^7-fach größer. Eine Schalldämmung schwächt diese auf ein Tausendstel. Es gleibt also:
A) 10^{-4}-fach B) 10^{-3}-fach C) 10-fach
D) 10^4-fach E) 10^{10}-fach

2 In einem Diagramm mit linearer Abszisse und logarithmischer Ordinate erscheinen als Gerade (für $x \neq 0$):
1) $y = c + a\,x^2$ 2) $y = c + e^{-2x}$
3) $y = c - e^{-x}$ 4) $y = c \cdot e^{-x}$
Richtig ist/sind: A) nur 1 B) nur 2
C) nur 2 und 3 D) nur 2, 3 und 4 E) nur 4

3 Richtig ist: A) $\ln 9 = \ln 3 + \ln 6$
B) $\ln 9 = 3 \ln 3$ C) $\ln 9 = \ln 2 \cdot \ln 4{,}5$
D) $\ln 9 = 2 \ln 3$ E) $\ln 9 = 3 \ln 2$

4 Natürlicher Logarithmus und dekadischer Logarithmus einer Zahl z hängen ungefähr zusammen gemäß:
A) $\ln z = e \cdot \lg z$ B) $\ln z = 0{,}43 \lg z$
C) $\ln z = 2{,}3 - \lg z$ D) $\ln z = 2{,}3 \lg z$
E) $\ln z = \frac{1}{e} \lg z$

5 Jede positive Zahl z läßt sich sowohl mittels dekadischem als auch natürlichem Logarithmus darstellen, **weil** die Relation $\ln z = 2{,}30 \lg z$ gilt.
A) *r r r* B) *r r f* C) *r f* – D) *f r* – E) *f f* –

6 Die folgenden Funktionen $y = f(x)$ nehmen negative Funktionswerte an ($a > 0$):
1) $y = a \cdot e^{-x}$ 2) $y = -a \cdot e^{x}$ 3) $y = a \cdot x^{-2}$
Richtig ist/sind: A) nur 1 B) nur 2
C) nur 1 und 3 D) nur 2 und 3 E) 1 bis 3 (alle)

7 In einem halblogarithmischen Diagramm erscheinen als Geraden:
1) $y = 2^{-x}$ 2) $y = e^{-x}$ 3) $y = 10^{-x}$
Richtig ist/sind: A) nur 1 B) nur 2
C) nur 2 und 3 D) nur 3 E) 1 bis 3 (alle)

8 Für die Funktionen $y_1 = \sin\omega t$ und $y_2 = \sin^2 \omega t$ gilt:
A) Mittelwert $\overline{y}_2 = 0$ B) Amplitudenverhältnis $\frac{\hat{y}_2}{\hat{y}_1} = 2$
C) Mittelwert $\overline{y}_1 = \frac{1}{2}$ D) Periodenverhältnis $\frac{T_2}{T_1} = \frac{1}{2}$
E) Scheitelwert $\hat{y}_2 = \frac{1}{2}$

10.3 Differential- und Integralrechnung

1 Die momentane Geschwindigkeit entspricht dem Steigungsmaß im Weg-Zeit-Diagramm zu dem betrachteten Zeitpunkt, **weil** der Differentialquotient das Steigungsmaß an der betreffenden Stelle wiedergibt.

A) *r r r* B) *r r f* C) *r f –* D) *f r –* E) *f f –*

2 Man kann das Steigungsmaß (Differentialquotient) bei einer Sinus-Funktion angeben für die

1) Nulldurchgänge 2) Extremwerte 3) ganze Kurve

Richtig ist/sind: A) nur 1 B) nur 1 und 2
C) nur 2 D) nur 3 E) 1 bis 3 (alle)

3 Das Steigungsmaß in einer zeitabhängigen Darstellung des sinusförmigen Verlaufs technischer Wechselspannung hat die Dimension (Größenart): A) $(\text{Zeit})^{-1}$ B) Zeit/Spannung
C) Zeit D) Spannung/Zeit E) $(\text{Spannung})^{-1}$

4 Folgende Funktionen y und danebenstehende Ableitungen y' passen zusammen:

1) $y = 3x^2, \quad y' = 6x$ 2) $y = \frac{1}{2}x^3, \quad y' = \frac{3}{2}x$

3) $y = 5x^4, \quad y' = \frac{5}{4}x^3$ 4) $y = \frac{1}{4}x^2, \quad y' = \frac{1}{2}x$

Richtig ist/sind: A) nur 1 B) nur 1 und 2
C) nur 1 und 4 D) nur 2 und 3 E) nur 3 und 4

5 Bei $y = \sin\omega t$ ist für $\omega t = \pi/2$ die Ableitung $y' = 0$, **weil** für die genannte Funktion allgemein gilt $y' = \omega\cos\omega t$ und diese Winkelfunktion für $\omega t = \pi/2$ Null ist.

A) *r r r* B) *r r f* C) *r f –* D) *f r –* E) *f f –*

6 Bei der Integration einer Funktion $y = f(x)$ wird die Funktion $F(x)$ gesucht, deren Ableitung $F'(x) = y = f(x)$ ist, **weil** bei der Integration eine Umkehrung der Differentialrechnung vorliegt.

A) *r r r* B) *r r f* C) *r f –* D) *f r –* E) *f f –*

7 Die Integration einer gegebenen Funktion kann grafisch ausgeführt werden, **weil** nur bei zeitabhängigen Funktionen eine Integration möglich ist.

A) *r r r* B) *r r f* C) *r f –* D) *f r –* E) *f f –*

8 Integrationen (bestimmte Integrale):

1) $\int_0^D a\,x\,\mathrm{d}x = \frac{a}{2}D^2$ 2) $\int_0^H m\,g\,\mathrm{d}h = m\,g\,H$ 3) $\int_{l_1}^{l_2} \frac{\mathrm{d}l}{l} = \ln\frac{l_2}{l_1}$

Richtig ist/sind: A) nur 1 B) nur 1 und 2
C) nur 1 und 3 D) nur 2 E) 1 bis 3 (alle)

Lösungen 9.2: 1 E, 2 A, 3 A, 4 D, 5 C, 6 C, 7 B, 8 C

Sachverzeichnis

Lösungen 10.2: 1 D, 2 E, 3 D, 4 D, 5 A, 6 B, 7 E, 8 D

Hellenthal

Studienmaterial Physik

ISBN 3 13 580501 8

Zur Verbesserung zukünftiger Auflagen ist Ihre Meinung über dieses Buch für uns von großem Interesse. Bitte beantworten Sie uns deshalb ein paar Fragen.

Bitte trennen Sie dieses Blatt heraus und senden Sie es unfrei – Porto zahlt Empfänger – im Kuvert an:

Georg Thieme Verlag, Postfach 732, D-7000 Stuttgart 1

Besten Dank für Ihre Bemühungen!

Qualität des Inhalts

1. Wie ist das Thema behandelt?

☐ zu ausführlich ☐ angemessen

☐ zu kurz ☐ ____________________

2. Wie ist der Stoff dargestellt – insgesamt bzw. in einzelnen Kapiteln?

☐ schwer verständlich ☐ unübersichtlich

☐ gut verständlich ☐ anschaulich

☐ weitschweifig ☐ didaktisch gut gegliedert

☐ ____________________ ☐ ____________________

3. Welche zusätzlichen Forderungen sähen Sie gern erfüllt – ggf. in welchen Kapiteln?

☐ Text ausführlicher

☐ mehr Abbildungen

☐ straffere Gliederung

☐ stichwortartige Zusammenfassungen

☐ ____________________

Sachregister

☐ nicht ausreichend

☐ ausreichend

bitte wenden!

Qualität der Ausstattung

	sehr gut	gut	ge-nügend	unge-nügend
Gliederung				
Abbildungen				
Druck				
Papier				
Einband				

Der Preis des Buches ist

☐ zu hoch ☐ angemessen ☐ günstig

Bemerkungen, Kritik (Hinweise auf Fehler), Anregungen:

Wir nehmen Sie gern in unsere Informationskartei auf.
Bitte machen Sie uns dazu einige Angaben:

Name, Vorname

Adresse

Beruf (Studienfachrichtung)

Semesterzahl